LIDERA TU PMO

LAS MEJORES PRÁCTICAS PARA LIDERAR UNA OFICINA DE GESTIÓN DE PROYECTOS

Leonardo Reyes

Titulo: Lidera tu PMO
© 2019 Leonardo Reyes Torres
ISBN: 13 978-84-09-08959-8

Créditos
Diseño de Portada: Arewa Lanre
Editor Digital: Sarco Press
Fotos de los 10 Capítulos: fuente pixabay
Diagramas y esquemas desarrollados: Leonardo Reyes

Agradecimientos

A mi hija que es mi inspiración cada día
A mi esposa que me soporta en esos momentos difíciles
A mi madre, padre, hermanos que siempre están presentes en mi corazón
A mis amigos . . . de toda la vida

INDICE

Prólogo vii
Introducción 1
Para quién es este libro 3
Contexto 5
Conceptos: Buenas Prácticas y Buenas Prácticas PMO 13
Una sugerencia es algo que se propone, se insinúa o se sugiere 19
Definiciones 21
Parte 1: 10 cosas para asegurar el fracaso en Tú PMO 27
Parte 2: 10 cosas para innovar y crear como parte de las metas
de Tú PMO 39
Parte 3: 10 cosas que no requieren talento en Tú PMO 49
Parte 4: 10 Cosas para ser un buen líder para Tú PMO 59
Parte 5: 10 cosas para destacar en Tú PMO 69
Parte 6: 10 cosas para ser un buen compañero en Tú PMO 79
Parte 7: 10 cosas que Tú PMO puede aportar al país 89
Parte 8: 10 cosas que necesitas para tener una buena reunión
en Tú PMO 99
Parte 9: 10 secretos para lidiar con colegas difíciles en Tú PMO 111
Parte 10: 10 trucos que deberías aplicar como mago en Tú PMO 123
Consideraciones Generales: Tipo ideal de PMO para tu organización 133
Consideraciones Generales: Tipo de roles ideales para una PMO 141
Hacia donde puede ir la evolución de una PMO 147
Reflexión Final: Proyectos y Productos de SXXI requieren
de una Gestión y Liderazgo de SXXI 149
Notas finales y referencias 151

PRÓLOGO

Escribir un libro sobre las Oficinas de Gestión de Proyectos (PMOs), un ente plenamente VUCA (Volatil, Incierto, Complejo y Adaptativo) en un entorno cambiante es un cometido atrevido y arriesgado. Atrevido porque las publicaciones sobre las PMO son abundantes, y arriesgado, porque realizar aportaciones novedosas es especialmente dificultoso. Sin embargo, Leo Reyesha afrontado el reto y nos proporciona un enfoque singular y desconocido sobre las PMOs.

Éste es uno de esos pequeñosgrandes libros que lleva al lector a una constante auto-reflexión sobre su propia práctica en la PMO. Leo se alinea con los resultados del 2º informe que sobre el valor de las PMO en España patrocinó en 2017 Microsoft. Dicho informe posiciona las PMO como la bisagra necesaria entre la estrategia y la operativa.

La pasión que por la calidad y la eficiencia caracteriza a Leo se reflejan en las 100 prácticas que nos propone para mejorar la gestión de nuestras PMOs. Aunque parezcan muchas, son las necesarias para tenerlas presentes en nuestro día a día.

En definitiva, se trata de un libro extremadamente útil para los profesionales de la Dirección de Proyectos. Las PMO tienen entre otros, el cometido de ser el receptor de la información procedente de los gestores de proyectos y, al mismo tiempo, ser el orientador en su actividad diaria. Este libro se convierte pues en el mejor canal para hacer fluida este tipo de comunicación que tanto necesita la profesión.

Enhorabuena, Leo has hecho una original y útil aportación a la profesión.

Dr. Rafael Lostado

INTRODUCCIÓN

El presente trabajo es una recopilación de situaciones y experiencias adquiridas durante los últimos años liderando la gestión de proyectos y productos como el máximo responsable de una Oficina de Gestión de Proyectos (PMO) desde mi rol y visión de PMOfficer.

La presente obra no es única y exclusiva desde la visión del PMOfficer, cualquier parecido con cualquier otra frase, cita, eventos, personas, o roles que ejercen liderazgo en sus organizaciones es pura coincidencia.

Todas estas experiencias han sido adquiridas durante mi trabajo profesional en diferentes países, diversos sectores y múltiples organizaciones, todas ellas tan diversas y diferentes entre sí, tanto por su propia cultura empresarial como por su propia cultura en la gestión de proyectos, productos y servicios.

Sí una cosa he aprendido en todos estos años es que en mundo globalizado, todas las sugerencias y mejores prácticas pueden y deben ser adaptadas al tipo particular de la organización a la que pertenecemos o para la cual prestaremos nuestros servicios sin importar el tipo de negocio, su tipo de estructura, su nivel de madurez, el tamaño en termino de personas, su lugar en el mercado versus competencia así como la ciudad y país en donde se encuentra dicha organización.

El presente trabajo está basado desde mi visión profesional, la cual está enfocada dentro de lo máximo posible desde un prisma global de la gestión de una Oficina de Gestión de Proyectos, mejor conocida como una PMO como máximo ente organizativo que gestiona la cartera global de proyectos y productos de toda organización.

Considero que una PMO debe ser identificada no solo como un ente organizativo, sino que debe contar con un equipo propio e independiente, contar con su propia su identidad, tener claramente definida su visión, su misión y sus objetivos propios pero siempre alineados con los objetivos estratégicos de la organización y aportando valor a lo largo del tiempo.

Para quién es este libro

Responsable de una PMO
Gerente de Proyectos
Director de Proyectos
Gerente de Portafolio de Proyectos
Gerente de Programa de Proyectos
Analista de Negocio
Consultor PMO
Analista PMO

CONTEXTO

Hoy día la explosión a nivel mundial del fenómeno de las oficinas de gestión de proyectos (PMO) nos ofrece más interrogantes que respuestas, es porque eso que en esta obra intento compartir un "poco de luz".

Considero que la falta de información fiable y estandarizada sobre las oficinas de gestión de proyectos, en conjunto con la amplia des-información que existe al respecto, solo ha contribuido a que existan cada día más interrogantes tanto para las organizaciones como para los profesionales, en lugar de aportar respuestas y soluciones imperativas para liderar los grandes proyectos de siglo XXI.[1]

Podríamos citar muchísimos ejemplos pero no son el objetivo de esta publicación, pero sí podemos mencionar un par de ejemplos básicos para entender la magnitud o dimensión de la confusión existente actualmente, tanto en grandes empresas cómo entre grandes profesionales que aún con décadas de experiencia no logran ponerse de acuerdo en conceptos tan simples que deberían estar perfectamente claros.

Para ejemplificar sólo basta citar que hoy día aún existe muchísima confusión de lo que realmente significa una PMO,.

Cómo es posible que después de tantos años sigamos leyendo, escuchando en múltiples foros y diversos países, a una gran cantidad de gente siga relacionando una PMO con un rol o puesto concreto (?!).

Es desde mi punto de vista muy difícil de entender que aún a éstas alturas (2019), no esté perfectamente claro que una PMO es un ente organizativo y no es una persona ni un rol[2].

Una vez estamos todos de acuerdo en que la PMO es un ente organizativo, podemos dar el siguiente paso que es entender que debe tener la misma importancia en su estructura como mínimo tal cual existe en otros departamentos y/o áreas de la organización tales como Finanzas, Contabilidad, Gestión y Atracción del Talento (rrhh), Tecnología, I+D+I, Operaciones, Compras, Ventas, Marketing, TIC y/o cualquiera otra área dentro de la empresa con estructura propia

Obviamente que la estructura dependerá mucho del tipo de negocio y tamaño de dicha organización.

Por tanto, es un fundamental establecer y entender que dentro de toda organización siempre debe existir una cartera de proyectos global que permita a toda organización ser competitiva en tiempos tan cambiantes y tan exigentes como los que vivimos actualmente, pero no sólo desde el punto de vista tecnológico sino también social y cultural a nivel mundial.

Principalmente desde mi punto de vista las organizaciones se enfrentan a los grandes retos en Transformación Digital, Gobierno del Dato, RPA, Blockchain, Ciberseguridad, Cloud Computing en sus múltiples variantes, Big Data y la nueva tendencia del Smart Data[3], IoT, Machine Learning, entre muchos otros.

Tiempos no solo cambiantes y que al mismo tiempo requieren una amplia flexibilidad, con una alta capacidad de adaptabilidad y competitividad al nivel de toda la organización, factores principalmente influidos ante la altísima exigencia en tiempos tan convulsos como los actuales que demandan constantemente cambios del entorno en sus diferentes enfoques (clientes, competidores, nuevos mercados, nuevas tecnologías, nuevos productos y nuevos servicios, etc.).

Esta adaptabilidad queda demostrada de forma positiva cada vez que los resultados acompañan a los objetivos planteados por la alta dirección, los cuales son una consecuencia derivada de todos los cambios aplicados que se generan de forma independiente a nivel horizontal y/o vertical entre los silos de toda la organización (fundamentados en el concepto real de agilidad) versus estructuras tradicionales de SXX donde los cambios se imponen de forma jerarquizada (de arriba-abajo).

No quiero decir que los cambios y/o la estrategia de la organización no siga el camino impuesto desde la alta dirección porque esa es su función, simplemente considero que los verdaderos cambios y la evolución de una empresa nacen a partir de las personas en cada área o departamento, pero siempre alineados con la estrategia global de la organización . . . porque al fin y al cabo quiénes son los que forman y llevan al éxito a las empresas? **Las PERSONAS!**

Bajo este contexto estaremos todos de acuerdo en que algo fundamental para lograr obtener esos objetivos, no cabe duda que todos los proyectos y productos buscan sin excepción impulsar la necesaria flexibilidad, adaptabilidad y competitividad independientemente si son proyectos o productos bajo marcos de trabajo tradicionales (también conocidos como predictivos) como las metodologías ágiles (también conocidas como adaptativas) y sin importar el tamaño de la cartera de proyectos o productos si sólo hablamos desde un punto de vista estricto del agilismo que deben desarrollarse así como deban implementarse en la organización.

El impulso a dichos proyectos y/o productos deben ser tanto de forma transversal, es decir horizontal entre todos los departamentos de la organización como de forma operacional o departamental es decir vertical, pero en todo caso sin excepción alguna todos esos proyectos y/o productos deben estar alineados con los objetivos estratégicos de la organización aportando valor a lo largo del tiempo medibles en forma tangible como intangible.

En otras palabras toda organización debe contar con una Oficina de Gestión de Proyectos (PMO) como un ente más dentro de su propia estructura **cómo** pueden ser otros tales como un Departamento de Contabilidad, de Finanzas, de Gestión del Talento, I+D+I y cualquier otro departamento que actualmente sea parte fija en dicha organización.

Por tanto la Oficina de Gestión de Proyectos (PMO):

- La PMO debe tener a su cargo la responsabilidad de gestionar la cartera de proyectos.

- La PMO debe estar alineada con los objetivos estratégicos de la organización.

- La PMO debe aportar "VALOR" a la organización a lo largo del tiempo.

Desde mi punto de vista podemos identificar que el gran problema existente hoy día, radica que muchísimas personas y departamentos comenzando por la alta dirección siguen pensando que un/una PMO es una persona o un rol, sin lugar a dudas el principal y mayor problema al momento de hablar del acrónimo más que la palabra PMO (que no concepto) . . .

A pesar de estar más que explicado de una forma estándar y oficial a nivel internacional es increíble que en estos tiempos aún sigan sin entender el concepto correcto de lo que significa una PMO[4] que es un ente organizativo y eso es un gran problema que lo único que crea son falsas expectativas que se ven reflejadas en peores resultados, la razón radica en esperar que un/una PMO sea un PM (project manager) con "súper poderes" para sacar todos los proyectos en tiempo, calidad y presupuesto como si fuera tan sencillo realizar y que además esperan que realice la correcta transición al servicio pero por si fuera poco el asegurar la gestión del cambio!.

Por qué decimos que son falsas expectativas y peores resultados?

Porqué la dirección de turno (cliente) ha pagado una millonada a la consultora (Big x) de toda la vida pero que no ha cumplido ni con las expectativas de los interesados ni ha aportado valor a la organización, simplemente se ha limitado a cumplir el trámite como PPT Consulting & XLS Reporting.

Pero inclusive nos podemos encontrar con peores casos como pensar que un/una PMO es un rol tipo "secretaria" que se encargue de controlar las agendas de todos los PMs, recolectar la documentación, preparar los informes y corregirlos antes de presentar si hace falta, etc etc etc simplemente porque la persona que "lidera" la PMO no tiene ni la menor idea de ello, en una palabra . . . "decepcionante".

Si te sientes identificada(o) te será más fácil entender y aplicar las 100 mejores prácticas que a lo largo de 10 capítulos aquí compartimos buscando lograr el principal objetivo . . . **SU APLICACIÓN PRÁCTICA!.**

Una vez que estamos de acuerdo en que una PMO es un ente, sería conveniente entender y definir quién debe ser responsable y/o el rol que debe liderar una PMO en la organización, pero antes es conveniente comenzar por la teoría del descarte que siempre nos ayuda a encontrar la mejor respuesta!.

Comenzamos descartando que el responsable de la PMO es un PM (Project Manager), un Gerente de Proyectos o un Director de Proyectos, aquí hay que hacer una puntualización muy importante donde es irrelevante si le quiere añadir al tipo de rol antes mencionado el nivel de "Sénior" (ejemplo PM Sénior).

Por supuesto es más que evidente (y ni se te ocurra ni tan sólo pensarlo) que ni un Agile Coach, ni Scrum Master ni un Enterprise Agile Coach pueden ser el rol responsable en este caso si quieres implementar una Agile PMO (APMO) o Agile Management Office (AMO) que desde mi punto de vista son dos descripciones correctas para una mismo concepto: la Oficina Agile de Productos y Proyectos.

En todo caso el rol actual del Director de Proyectos es el rol que más se puede acercar al perfil, pero siempre y cuando haya evolucionado desde una visión de proyectos tradicionales o predictivos hacia entrega de productos bajo marcos ágiles contando con cierta experiencia (al menos mínima) gestionando y liderando tanto proyectos (tradicionales) como productos (ágiles) así como gestionando equipos aplicando metodologías tanto tradicionales como metodologías ágiles.[5]

Para finalizar esta parte, creo conveniente mencionar que hoy día NO existe un consenso global e internacional en una figura única o rol concreto que se le identifique claramente como el máximo responsable de una PMO.[6]

Desde mi perspectiva este rol es estratégico para toda organización tanto o más como pueden ser otros roles ya definidos y aceptados de forma estándar a nivel mundial tales como el Chief Information Officer (CIO), el Chief Technical Officer (CTO), el Chief Innovation Officer (CINO), el Chief Data Officer (CDO), Chief Marketing Officer (CMO), Chief Information Security Officer (CISO) solo por mencionar algunos ejemplos de los más representativos y/o más demandados en la actualidad para liderar áreas, departamentos o empresas de Siglo XXI.

¿Qué podemos entender por Buenas Prácticas?

Puede parecer extraño pero pongámonos en situación y revisemos algunas definiciones generales antes de entrar en detalles y enfocarnos a las buenas prácticas desde la visión de la gestión de proyectos y productos.

Sí, porque las buenas prácticas no nacieron con la gestión de proyectos![7] ... acaso pensabas que cuando se habla de buenas prácticas es únicamente sobre las tecnologías de la información así como la gestión de proyectos, la entrega de productos o la gestión de servicios?.

Considero necesario entrar en un contexto correcto y por ello analicemos dos grandes enfoques:

1. **Visión y definición General.**

2. **Visión y definición Educativa.**

CONCEPTOS:
Buenas Prácticas y Buenas Prácticas PMO

1.- Visión General

Definición

Por buenas o mejores prácticas se entiende un conjunto coherente de acciones que han generado un buen o incluso un excelente servicio en un determinado contexto y que se espera que, en contextos similares, rindan similares resultados. Estas dependen de las épocas, de las modas e incluso que algunas sean contradictorias entre ellas.[8]

Las expresiones buenas/mejores prácticas es una traducción literal de la expresión inglesa "best practices".

La Real Academia de la Lengua, recomienda "el empleo de otros sintagmas alternativos, dependiendo del contexto, como mejores soluciones, mejores métodos, procedimientos más adecuados, prácticas recomendables, o similares".

En general el concepto de "buenas prácticas" se refiere a toda experiencia que se guía por principios, objetivos y procedimientos apropiados o pautas aconsejables que se adecuan a una determinada perspectiva normativa o a un parámetro consensuado, así como también toda experiencia que ha arrojado resultados positivos, demostrando su eficacia y utilidad en un contexto concreto.

El concepto de buenas prácticas se utiliza en una amplia variedad de contextos para referirse a las formas óptimas de ejecutar un proceso, que pueden servir de modelo para otras organizaciones.

Las buenas prácticas sistematizadas, permiten aprender de las experiencias y aprendizajes de otros, y aplicarlos de manera más amplia y/o en otros contextos (scaling-up).

Pueden promover nuevas ideas o sugerir adaptaciones y proporcionar una orientación sobre la manera más efectiva de visibilizar los diversos impactos de una intervención en las comunidades.

2.- Visión educativa

De acuerdo con la comunidad internacional, la UNESCO, en el marco de su programa MOST1 (Management of Social Transformations), ha especificado cuáles son los atributos del concepto, los rasgos que lo caracterizan.[9]

En términos generales, una Buena Práctica ha de ser:

- **Innovadora:** desarrolla soluciones nuevas o creativas.

- **Efectiva:** demuestra un impacto positivo y tangible sobre la mejora.

- **Sostenible:** por sus exigencias sociales, económicas y medioambientales pueden mantenerse en el tiempo y producir efectos duraderos.

- **Replicable:** sirve como modelo para desarrollar políticas, iniciativas y actuaciones en otros lugares.

Hasta aquí todo bien, pero qué se entiende por buenas prácticas en la gestión de proyectos y/o productos y por ende en la oficina de gestión de proyectos y/o en la oficina de gestión ágil?

En el primer capítulo del PMBOK, en *"1.1.Finalidad de la Guía del PMBOK"* dice: *"La finalidad principal de la Guía del PMBOK es identificar el subconjunto de fundamentos de la Dirección de Proyectos generalmente reconocido como buenas prácticas. (...)*

Buenas prácticas significa que existe un acuerdo general en que la correcta aplicación de estas habilidades, herramientas y técnicas puede aumentar las posibilidades de éxito de una amplia variedad de proyectos diferentes.

Buenas prácticas no quiere decir que los conocimientos descritos deban aplicarse siempre de forma uniforme en todos los proyectos: el equipo de dirección de proyecto es responsable de determinar lo que es apropiado para cada proyecto determinado".[10]

Buenas prácticas PMO.

En conclusión podemos razonar que las mejores prácticas de una oficina de gestión de proyectos y/o productos son un conjunto de recomendaciones, pero no son un conjunto obligatorio, es decir no se deben aplicar todas, todo el tiempo ni en todos los proyectos y productos que forman parte de la cartera global de toda la organización.

Todas las buenas prácticas aplican tanto a oficinas de proyectos que gestionan proyectos bajo marco de referencia predictivo o también llamado marco tradicional (acrónimo en inglés "waterfall"), como para todas aquellas oficinas de gestión de productos que se gestionan bajo metodologías ágiles también conocidas como Oficinas de Gestión Ágil.[11]

Una sugerencia es algo que se propone, se insinúa o se sugiere

DEFINICIONES

Llegados a este punto se abren una serie de interrogantes para todos donde. **Quién es el PMOfficer? Cuál es su rol? Qué características debe tener o cumplir? Cuáles son sus responsabilidades?**

Antes de continuar son preguntas muy difíciles de responder de forma estándar y consensuada ya que no existe literatura mundialmente reconocida aunque cada vez hay más autores que están ahondando al respecto intentando más que aclarar el tener una visión común con la mayoría de profesionales en todo el mundo que llevamos años en la gestión de proyectos pero que estamos intentado dar un paso más allá en la especialización y desarrollo de toda la temática relacionada con las oficinas de gestión de proyectos (PMO) de forma uniforme, estándar y consensuada.

Quiero aclarar que mi presente trabajo solo intenta aportar una visión y una forma de ayudar a todo lo anterior donde bajo ningún concepto lo transmito como una verdad absoluta, el lector puede estar total, parcial o nada de acuerdo a mis opiniones porque al final la única opinión válida es de la persona que está ahora mismo leyendo mi trabajo.

Quién es el responsable de una PMO?

En un titular podemos concluir que es la persona que debe velar por aplicar las buenas prácticas en la gestión de la cartera de proyectos (PMO).... Pero realmente es solo eso y así de simple?

Me parece que no, es algo mucho más complejo y extenso por lo que intentaremos más que profundizar poner las bases mínimas para entender correctamente por el lector ya que a pesar de no existir verdades absolutas si deben existir unos patrones mínimos consensuados por la gran mayoría y es precisamente lo que busco en toda la obra aquí expuesta.

Hay que considerar que según diversos estudios entre el 75-80% de las profesiones del futuro aún no existen o se están creando[12] y sin ninguna duda hoy día el PMOfficer como responsable máximo de una oficina de proyectos (PMO) es una de ellas.[13] (13*)

Por tanto desde mi experiencia vamos a comentar la descripción, las características y responsabilidades del **PMOfficer.**

PMOfficer. Descripción del rol

1. Es la persona a la que la alta dirección de la empresa ha asignado la tarea de liderar una cartera de proyectos (portafolio/programa) bajo una Oficina de Gestión de Proyectos (PMO), con el principal objetivo de alinearla con los objetivos estratégicos de la organización.

2. Es la persona que tiene la responsabilidad total de la estrategia, procesos, presupuestos, metodologías y buenas prácticas que deben implementarse en la PMO pero que al mismo tiempo esté alineado con Gobierno TI y los objetivos estratégicos de la organización asegurando aportar valor a lo largo del tiempo.

3. Es la persona que debe definir que equipos deben liderar la cartera de proyectos aplicando buenas prácticas en la gestión de proyectos, y aplicar filosofía ágil en productos que sean necesarios aplicar con

el objetivo de asegurar el éxito de la ejecución global de la cartera de proyectos y productos de la organización bajo una PMO.

PMOfficer. Características del Rol

1. Debe tener una visión 360º, transversal y estratégica de la organización.

2. Debe tener una visión y ejecución "atemporal" es decir, al mismo tiempo debe ser capaz de ver el "pasado, presente y futuro" para poder tomar las mejores decisiones en el tiempo.

3. Deber tener experiencia y formación en proyectos tradicionales y ágiles.

4. Formación y experiencia en Estrategia es un plus muy valorable.

5. Ideal que aporte experiencia en Gestión del Cambio y Gestión de Servicios (SMO).

PMOfficer. Responsabilidades del Rol (+fundamentales)

1. Ser el principal promotor de alinear los objetivos de la cartera de proyectos con la estrategia y objetivos de la organización.

2. Ser la persona que gestione los equipos internos y externos de alto rendimiento de la cartera de proyectos.

3. Ser la persona que actúe como facilitador y asegure la coordinación entre los diferentes Project Managers vs Interesados así como con los equipos tanto técnicos como los equipos funcionales.

4. Ser la persona que tenga el control y conocimiento de toda la cartera de proyectos tanto nacionales como internacionales.

El objetivo de ésta publicación titulada "LIDERA TU PMO", es compartir un total de 100 de las mejores prácticas que considero puedes aplicar para liderar una Oficina de Gestión de Proyectos (PMO).

Este trabajo es una visión personal basada en la experiencia adquirida a través de los años cómo Director de Proyectos, PMOfficer y Consultor en Oficinas de Gestión de Proyectos (PMO).

Mi mayor deseo con este libro, es que sea entendido como una de guía de liderazgo a utilizar en todo momento para todo líder actual o futuro de una PMO como una Oficina de Gestión de Proyectos y Productos.

PARTE 1:
10 cosas para asegurar el fracaso en Tú PMO

" Sin duda alguna para asegurar el éxito es fundamental evitar el fracaso . . . o no !? "

Parece una cita obvia pero no lo es, simplemente porque pensamos que las cosas obvias son aquellas que por definición realizamos y aceptamos (o quizás no realizamos precisamente por que parecen obvias), esas llamadas **suposiciones** que tanto hacen daño en un grupo o equipo de trabajo en una organización y por supuesto en las relaciones personales y/o laborales.

En cuántas ocasiones los involucrados hemos entendido cosas diferentes a pesar de haber recibido todos el mismo mensaje:

- Será por falta de comunicación?

- Será porque hablamos en un idioma diferente al nuestro?

- Será porque no pusimos atención a lo que se comunicaba?

- Será que el interlocutor no se supo explicar?

Muy probablemente alguna de estas preguntas o quizás la combinación de todas juntas y algunas más que ahora mismo estarás planteando porque lo has vivido.

Sólo por mencionar algunas de las frases y preguntas más comunes, por ello vamos a comentar en esta primera parte las

"10 cosas para asegurar el fracaso en Tú PMO"

1.- PERMITIR O ACEPTAR FRASES TALES COMO:

- Es lógico que sea así!

- Ya se entiende que debe hacerse de esta manera!

- Aquí siempre se han hecho las cosas así!

- Todo el mundo en la reunión entendió el mismo mensaje!

2. ACEPTAR PREGUNTAS AFIRMATIVAS TALES COMO:

- ¿Porque vamos a cambiar las cosas si ya funcionan?

- ¿Si todos lo hacemos así, porque piensas que no es correcto o está mal hecho?

- ¿Siempre que aportamos una idea nadie nos hace caso, porque va a cambiar ahora?

Sólo por mencionar algunas de las frases y preguntas más comunes, por ello vamos a comentar en esta primera parte las "**10 cosas para asegurar el fracaso en Tú PMO**" y por supuesto que debes evitar en la medida de lo posible.

1. *No escuchar: el que sólo OYE pero nunca ESCUCHA . . . NUNCA ENTIENDE.*

   Un adulto es incapaz de escuchar de forma activa más de tres minutos seguidos. Esto da fe de lo difícil que resulta escuchar a las personas de forma activa.

   Hay que ser conscientes de que cuando tienes a una persona delante, esa persona no está exente de tu juicio y de tu opinión, una opinión que implica que, independientemente de lo que hable, sea juzgada, etiquetada y prejuzgada incluso antes de que empiece su discurso.

2. *Arrogancia: siempre hay alguien mejor que tú, por eso es mejor cambiar esa percepción de arrogancia por humildad que siempre te hará ser mejor.*

   En mi experiencia me dice que muchas personas arrogantes son o bien muy inteligentes (o creen que lo son) o exitosas o quizás una combinación de ambas.

   Si necesitas trabajar con alguien así, **lo peor que puedes hacer, debido a sus inseguridades, es tomarles el pelo o amenazarlos,** aquí necesitas muchas mano izquierda o aplicar como buen PMOfficer mentoring sobre ese miembro del grupo independiente su rol en la PMO. Por tanto debes tener atención con quienes piensan en blanco y negro quienes a menudo acaban siendo arrogantes.

3. *Replicar "Homogeneidad": ninguna persona, ningún proyecto son iguales jamás! . . . nunca quieras "replicar" algo es mejor que siempre lo "adaptes".*

   En la realidad laboral es muy común, que la presión por entregar el producto a como dé lugar, en una fecha límite con un presupuesto además de muy apretado en costos no contempla todos los escenarios principalmente la gestión de riesgos lo que en suma impida finalizar con éxito un proyecto.

   Esto hace que se intenten "replicar" como si fueran cromos o pan industrial, lo que evidentemente no solo no se cubren los problemas básicos sino incluso se enfrentan con nuevos problemas o riesgos no identificados previamente en un proyecto "igual" o similar.

No sólo las personas son diferentes y debes tratarlas de forma individual también los proyectos!

4. ***Inmovilidad:*** *es anti-natural, todo en el multiverso es movimiento y Tú debes ser un fiel reflejo y el máximo ejemplo (evita siempre la zona de confort!).*

Estar en la zona de confort permite ser eficiente en la ejecución de tareas rutinarias, permite también tener flexibilidad para realizar más de una actividad a la vez, y es una zona o un estado donde se gasta menos energía y el desgaste es menor. La zona de confort es la zona conocida, es fácil moverse en ella y es reconfortante estar allí.

Como PMOfficer debes motivarte y motivar a tu equipo al menor síntoma de confort de esta manera es la mejor manera de evolucionar y mejorar en el enfoque de gestión más adecuado a los objetivos, contexto y naturaleza global de la PMO y de cada proyecto.

5. ***Rigidez:*** *es anti-agilidad (el nuevo paradigma de trabajo de SXXI).*

Desde mi experiencia la rigidez es uno de los aspectos que más pueden llegar a influir en los equipos de forma negativa al intentar adoptar nuevos modelos o formas de trabajo en la dirección de proyectos.

Considero que hoy día es uno de los grandes retos dentro de la PMO al tener que gestionar y aplicar buenas prácticas a un número determinado de miembros tanto internos como externos quienes son los responsables de la ejecución de la cartera de proyectos que gestiona la PMO.

Un PMOfficer como especialista contrastado que posee habilidades, conocimientos y técnicas suficientes para reconducir una situación como ésta en beneficio de todos los miembros de la PMO.

6. ***Indiferencia:*** *no hay peor actitud que permita un PMOfficer en una PMO ante los compañeros, la organización, clientes, proveedores, amigos, familia . . .*

Sin lugar a dudas la indiferencia entre o por parte de los miembros de la PMO hacia las áreas de la empresa o proyectos asignados es sumamente dañina, ya que no les interesa si la empresa tiene problemas, ni les importa si los despiden.

La indiferencia dentro de la PMO puede derivar entre los miembros y otros colegas grandes conflictos afectando directamente a los clientes, ocasionando pérdida de los mismos; y lo que es peor por su propio empleo o de otro compañero como daño colateral.

La Indiferencia significa falta de interés, atracción o repulsión hacia una persona, rol, trabajo, actividad o cosa determinada.

Aquí sin lugar a dudas debe tener mano dura el PMOfficer para aclarar directamente las cosas a la cara pero con educación y muy bien argumentado que dicha actitud no solo daña a su imagen sino a la misma PMO por lo que deberá tomas las medidas oportunas lo antes posible para evitar efectos negativos directos e indirectos hacia el cliente.

7. *No practicar: el hábito no hace al monje, sino lo llevas a la práctica todo el conocimiento se queda en simple información.*

No cabe duda que una parte muy importante de la consecución de los éxitos en la gestión de proyectos tiene que ver con nuestra capacidad para crear alianzas con las personas con las que trabajamos, con nuestra capacidad para establecer una buena comunicación con ellas, de manera que nos ganemos su respeto y promovamos la colaboración.

Por tanto a partir de practicar todas estas conductas positivas podremos ser una influencia positiva para todo nuestro equipo y todos aquellos dentro del ámbito de nuestra PMO como los compañeros de otras áreas, los directivos, los clientes, los proveedores internos y externos, etc.

8. *Ineficiencia: sin cumplir el trabajo y sin resultados positivos estás fuera!.*

Una de las clásicas evidencias de una ineficiente gestión de proyectos, es surgida por la deficiente asignación de prioridades y la cuestionable definición de sus alcances así como la nula formación profesional en la gestión de proyectos.

Si esto lo extrapolamos a que los miembros no han trabajado anteriormente en una PMO o no han aplicado buenas prácticas para la gestión de proyectos la dificultad es añadida y aquí entra la capacidad del PMOfficer de ejercer como líder y mentor de los equipos.

Por una parte fomentar la parte de gestión con los miembros pero por otra aplicar las buenas prácticas de gestión de proyectos estableciendo con los sponsors de cada proyecto el alcance, la asignación de recursos, prioridades y necesidades más adecuadas para cumplir con los objetivos del proyecto y las expectativas de todos los interesados.

Una vez se logra la sinergia adecuada se debe medir adecuadamente los resultados tanto de los proyectos como de la PMO para justificar con evidencias los resultados logrados tanto individual por proyecto como global por la cartera de proyectos.

9. *Laxitud: sin la tensión adecuada no buscas soluciones ni resuelves problemas, evita la presión de último minuto manteniendo la tensión adecuada.*

Todas las organizaciones necesitan personas motivadas que se sumen al objetivo común del negocio. Sin embargo, son muchos los factores que pueden llevar a un empleado a perder la motivación.

Para evitar que una situación así se agrave y se extienda al resto de integrantes del equipo, es importante que te mantengas alerta y trates de detectar el problema a tiempo para poder aplicar las medidas preventivas o en su defecto las medidas correctivas más acordes a cada situación.

Pero, antes de nada, debes saber cuáles son las señales que te ayudarán a detectar a un empleado desmotivado pero para evitarlo no hay nada cómo mantener la tensión justa y constante con nuevos retos por cada miembro de la PMO.

10. *Tardanza: la información y resultados que llegan tarde NO sirven, es mejor entregar poco y bien en tiempo que mucho y perfecto pero tarde.*

La información es uno de los activos fundamentales de todas las organizaciones, es por esto que debemos tener mecanismos para tratarla y sacarles el mayor provecho, pero en tiempo y forma adecuados!.

Si espera a tener toda la información y en formato perfecto lo más probable es que cuando lo presentes llegará tarde y perderá valor ya sea para dar solución en la gestión del proyecto o para la toma de decisiones a nivel de la PMO o a nivel dirección dentro de la organización.

Por ello es mejor aplicar mentalidad agile pero al mismo tiempo ser muy cuidadosos en el formato que se entrega, en estos caso siempre es bueno compartirlo antes dentro del equipo PMO antes de compartir hacia el exterior con los interesados, sponsors, equipos técnicos y alta dirección.

Si somos capaces de lograrlo de forma individual, seremos capaces de impactar a la PMO con lo siguiente:

- Ayudar a incrementar la eficiencia.

- Brindará las respuestas más rápidas para las preguntas que surgen del proyecto.

- Dar pasos certeros en la gestión del proyecto con información precisa y concreta.

- Permite tener mejor control sobre las áreas funcionales y/o detalles del proyecto.

Notes

Notes

PARTE 2:
10 cosas para innovar y crear como parte de las metas de Tú PMO

" Si algo ha cambiado a la sociedad de Siglo XXI sin duda alguna ha sido la constante innovación tecnológica pero también educativa y social para dar solución a los grandes problemas y retos de Siglo XXI a fin de mejorar y lograr una sociedad más igualitaria "

Las necesidades son una constante que van cambiando a lo largo del tiempo, tanto para la gente como en la propia industria, y por eso es fundamental que las empresas se vayan actualizando constantemente para estar acorde a los cambios continuos de Siglo XXI.

Debemos entender que en este contexto es cuando tenemos que hablar de innovación tecnológica, un concepto muy asentado en la actualidad que engloba muchas más cosas y aspectos de los que podamos imaginar, no solo los relacionados con la mejora de la tecnología propiamente dicha sino todo aquello que va interrelacionado.

Aquí es donde debe entrar la oficina de gestión de proyectos quienes deben liderar todos esos proyectos tecnológicos a nivel estratégico en toda organización y la figura del PMOfficer como su máximo responsable.

Eso es lo que vamos a compartir en esta segunda parte de las "**10 cosas para innovar y crear como parte de las metas de Tú PMO**".

1. ***Reclutar talento:*** *como máximo líder debes ser Tú y nadie más quién forme al mejor equipo.*

   Como PMOfficer, una de las cuestiones clave es poder captar talento y tener muy claro qué tipo de personal necesitaremos a corto, medio y largo plazo.

   No obstante en la mayoría de las ocasiones te puedes encontrar que el equipo ya está creado o formado sin que te hayan preguntado o peor aún, heredado porque retomas el rol de otro profesional donde te puedes encontrar con dificultades añadidas como falta de formación o falta de experiencia en gestión de proyectos y/o en gestión oficinas de proyectos.

   En ambos casos debes tener establecer una estrategia de contratación para los mejores fichajes donde se explica claramente el tipo de rol, descripción de tareas y actividades que debe desempeñar cada miembro de la PMO, esto te permitirá posteriormente desarrollarlos de forma individual y en el futuro será más simple poder formar tu propio equipo facilitando la labor para la PMO y para la propia organización en la contratación.

2. ***Capacitar/Formar:*** *el aprendizaje formal y constante es imperativo para evolucionar a un gran equipo.*

   Sin duda una de las claves de éxito en una PMO (y por supuesto para cualquier equipo de trabajo) es la falta de formación (capacitación) específica en gestión de proyectos y oficina de proyectos de todos los miembros de la PMO.

   Trabajar como equipo puede presentar obstáculos y dificultades, puede resultar un arduo trabajo conseguirlo, sin embargo, la formación concreta en PMO permite obrar conjuntamente con el propósito compartido de alcanzar los objetivos globales de la cartera de proyectos como un mismo fin.

   Esto permite al PMOfficer brindar una mejor conjunción del equipo y favoreciendo un quehacer profesional más protegido al ser acompañado y comprendido como responsabilidad compartida en cada proyecto a nivel individual pero también a nivel grupal dentro de la PMO.

3. *Saber motivar: no hay mejor motivación que ser el primero en poner el ejemplo.*

   Es evidente que un equipo de trabajo feliz y motivado aumenta su rendimiento y productividad en toda organización . . . y en la PMO no es algo ajeno porque trabajas constantemente con muchísima gente tanto interna como externa y toda ella tan diversa especialmente cuando trabajas con equipos remotos y aún mayor dificultad con equipos de otros países.

   Pero ¿cómo lo ponemos en práctica? ¿Cómo podemos motivar a nuestro equipo humano sin gastar cientos de miles de euros en incentivos económicos? Pues es muy simple!!! Poniendo el ejemplo y saber transmitirlo!.

4. *Promover al apto: ser justo es saber valorar a los mejores.*

   Una gran dificultad como PMOfficer que tendrás es lo que respecta a lograr un ascenso y/o promoción de un miembro de tu equipo tanto interno en tu PMO, cómo en la organización para otras áreas o funciones y muchas cuestiones que ya no dependen sólo de ti.

   No obstante en cualquier caso debes basarte en sus mejores cualidades y no perder el foco en el logro de sus objetivos, los cuales hayan sido logrados tanto tangibles (medibles en sus proyectos) como intangibles (buena relación con los compañeros, interesados, proveedores, clientes, etc.).

5. *Debatir: diferentes opiniones siempre enriquece y son imperativas para la innovación y creatividad constante.*

   Los grupos de debate se basan en la idea de la discusión entre los implicados en el proceso del alcance del producto o proyecto (sponsor) como las expectativas del diseño del proyecto o producto (interesados/dueño del producto), sobre las diversas y nuevas ideas, las opciones del diseño, hoja de ruta, los riesgos, las expectativas, los costes y beneficios y otros aspectos relevantes al proceso global de la entrega final del proyecto o producto.

6. *"Antenas Levantadas":* siempre las nuevas oportunidades de creatividad llegan cuando estás atento al 1000%.

   Sin habilidades, sin conocimiento y sin moverte de la zona de confort, las nuevas oportunidades nunca llegarán. No hay que buscar soluciones fáciles y rápidas, ya que si sigues por este camino lo único que conseguirás es seguir estancado y sin poder hacer ni aportar lo que realmente quieres ni a la PMO ni a la organización.

7. *Fallar "bien" y lo antes posible:* mentalidad «pro-agilidad» que nos permite innovar constantemente (mentalidad de SXXI).

   Hay quienes que erróneamente viven con el miedo a equivocarse por que nos han educado a que fallar NO es bueno, no obstante desde mi percepción uno de los grandes paradigmas que ha roto la agilidad es fomentar no tener miedo a probar y fallar pero que si lo haces lo hagas correctamente y lo antes posible ya que de ésta manera podrás aplicar las correcciones necesarias afectando lo mínimo posible.

   Tener cuidado especialmente con los equipos y PMO ágiles cuando dicen que se promueve el error cómo algo positivo cuando no es correcto! . . . . se promueve el error en la agilidad pero que sea lo más pronto posible para que el aprendizaje también sea lo más pronto posible de manera que se convierte en un aprendizaje constante, iterativo y evolutivo.

8. *Análisis + pasión:* el análisis ayuda para detallar para conocer sus características, cualidades, su estado y extraer conclusiones es la base de la innovación y la pasión el catalizador de la creatividad.

   Si como PMOfficer no tienes pasión por lo que haces y es un tormento por la complejidad y nivel de exigencia . . . lo mejor es que te dediques a otra cosa, por que liderar una PMO implica que la alta exigencia viene incluida con el puesto.

9. *Introspección:* si no somos capaces de reflexionar sobre nosotros mismos . . . no se puede crear!.

Como todo líder el PMOfficer tiene la obligación de realizar una observación propia de su persona hacia su propia conciencia y/o sus estados de ánimo para reflexionar sobre ellos para poder ser un referente para su equipo y apoyarles cuando tengan dificultades especialmente de tipo personal.

Es una gran cualidad que debes desarrollar.

10. *Flexibilidad: la mejor compañera de una mentalidad «agile» y se va puliendo poco a poco a medida que «fracasas-bien".*

No puedo ver en otro ente organizativo a una PMO excepto en áreas de I+D+I (Investigación - Desarrollo -Innovación) con mayores niveles de flexibilidad y adaptabilidad al cambio especialmente para proyectos tecnológicos.

Por ello la Flexibilidad Mental (Flexibilidad Cognitiva) del PMOfficer la debe desarrollar como la capacidad que tiene nuestro cerebro para adaptar nuestra conducta y pensamiento a situaciones novedosas, cambiantes o inesperadas.

Notes

Notes

PARTE 3:
10 cosas que no requieren talento en Tú PMO

"Algo que nos ayude a reflexionar y entender que el éxito está ahí a nuestro alcance y que todos podemos poner un granito de arena aún y cuando pensamos no tener el talento necesario, para lograr cumplir con estos puntos no necesitas un talento especial, solo el compromiso personal de lograr más de lo que estás haciendo ahora "

SIEMPRE HE PENSADO que las mejores cosas son siempre gratuitas. No pesan en la mochila. Se pueden llevar a cualquier lado. Son hijas de virtudes. Y cómo las virtudes, se cultivan y desarrollan porque sí, no para lograr algo (sí para lograr paz interior), no para ser mejores que otras personas (sí para ser mejores personas).

El mismo esfuerzo de ponerlas en práctica se transforma y aunque muchas de esas cosas ya las has escuchado anteriormente desde la visión del PMOfficer.[*a]

Eso es lo que vamos a compartir en esta tercera parte sobre las **"10 cosas que no requieren talento en Tú PMO"**.

(*) Nota del autor: éste capítulo está inspirado en un post que me encontré por internet en Linkedin el cual hablaba de liderazgo y me inspiro para adecuarlo como PMOfficer para una PMO.

1. ***Ser puntual:*** *no hay mejor manera de empezar algo desde el primer día que poner el ejemplo demostrando respeto a los demás o eso es la puntualidad.*

   Sí ya sabemos que no es sólo para una PMO pero debemos recalcar que ser puntual es la primera razón como PMOfficer para poner el ejemplo a nuestro equipo y por ende al resto de los involucrados en todos nuestros proyectos, es simplemente por una cuestión de educación y respeto hacia todos los interesados e involucrados en cada proyecto pero muy especialmente cuando trabajas con múltiples equipos remotos porque el tiempo y la agenda de todos es un proceso sumamente complejo de coordinar.

   La puntualidad también puede hacer que el resto de personas del equipo confíen en tí.

   Te ganarás el respeto tanto de los miembros de la PMO como del resto de compañeros ya que además ellos mismos se verán obligados a realizar mejorando no solo a sí mismos, sino mejoran la relación y respeto con el resto de la organización.

2. ***Ética Laboral:*** *se puede llegar muy alto y lejos aplicando valores morales, no es verdad que solo «pisando a los demás» se puede llegar lejos . . . una mala persona no puede ser un buen líder.*

   Haciendo referencia a una descripción típica de que la *ética profesional* **hace referencia al conjunto de normas y valores que hacen y mejoran al desarrollo de las actividades profesionales**, no está de más puntualizar que el PMOfficer cómo máximo responsable de una oficina de gestión de proyectos debe ajustarse y actuar a tal descripción.

3. ***Esfuerzo:*** *nada llega solo sin esforzarte lo suficiente, las cosas no llegan gratis si no te esfuerzas debes recordar y aplicar siempre la ley de «causa y efecto».*

   Indudablemente siempre el esfuerzo podrá ayudarnos a desarrollarnos y crecer en cualquier aspecto de la vida, por lo tanto parece lógico que si te esfuerzas lo suficiente aumentará en gran parte la probabilidad de que logres el éxito.

Dentro de la PMO cómo es lógico habrá personas que necesiten menos tiempo y otras más tiempo para conseguir lo mismo, pero con esfuerzo, añadido a otras cualidades como el tesón, la perseverancia y la constancia, el resultado será sin duda mucho más exitoso tanto a nivel individual cómo a nivel grupo.

Desde mi experiencia he aprendido que si lo que se desea es alcanzar el éxito o simplemente la auto-superación el esfuerzo determina el grado en que se alcanza.

4. ***Lenguaje corporal:*** *no solo las palabras transmiten, tú forma corporal de expresión transmite sentimientos y sensaciones tanto positivas como negativas.*

Para mí como responsable de una PMO en constante comunicación con múltiples interesados, clientes, proveedores, equipos asignados entre muchos otros la importancia del lenguaje corporal es muy relevante.

Debemos saber vigilar muy bien nuestras expresiones e identificar las negativas para tomar acciones pertinentes de mejora.

Todas las personas solemos concentrarnos en buscar las palabras adecuadas para nuestros discursos, para con todos los grupos, no obstante aunque una persona tenga una dialéctica muy desarrollada, sus mensajes pueden interpretarse mal, o simplemente, desagradar por los gestos corporales que se transmiten principalmente en reuniones con los clientes, reuniones internas del equipo, reuniones con los proyectos.

Por ejemplo en agilidad si aplicamos scrum (las famosas daily scrum con las que tenemos contacto diario con todo el equipo o el cliente en la figura del product owner) tenemos que tenerlo muy presente para evitarlo en la medida de los posible.

5. ***Energía:*** *aporta «luz» donde hay «oscuridad», una persona con energía positiva siempre transmite «luz» cuando más se necesita.*

Suena a cliché, pero no deja de ser cierto: dormir bien mantiene la salud. Por si fuera poco, descansar ayuda a estar alerta en la toma de decisiones. ***Te hace más productivo y creativo.***

Como máximo responsable de una PMO y un grupo importante de personas es muy importante ser positivo, es recomendable que te involucres en actividades físicas o intelectuales que mejoren tu estima y te carguen de energía.

El "no" es una palabra que se debe evitar o saber manejar especialmente con los clientes y desde mi punto de vista considero que la motivación es vital para crear, solucionar o emprender nuevas ideas liderando tu PMO.

6. *Actitud: es lo que marca «la diferencia» entre lo que se logra y lo que se pudo haber logrado.*

Pueden existir muchas cualidades en un rol de liderazgo y no tengo la menor duda que la mayor o una de las mayores es la actitud positiva en todo aquello que participemos.

Recordemos que la actitud se refiere a una disposición optimista y entusiasta dirigida no solo a nuestra actividad laboral sino también a todas las personas involucradas en él.

Por tanto es imperativo que liderar una PMO ante tanta presión y responsabilidad sin una actitud positiva difícilmente como PMOfficer la llevarás al *éxito*.

7. *Pasión: la pasión te trae felicidad y la felicidad te trae libertad, no hay cómo tener esa sensación en Tú trabajo porque la obligación de todos los días se convierte en pasión diaria.*

Definitivamente nada puede resultar más atractivo que el entusiasmo, las ganas y la pasión que una persona transmite por lo que hace.

Y en el mundo del trabajo, admiramos a quienes tienen la habilidad de inspirar a los demás con su energía, su fuerza y su pasión.

Como PMOfficer siempre he considerado que todo lo que hacemos con pasión y lo podemos transmitir termina siendo una ventaja competitiva para nuestra PMO.

Yo de momento nunca he conocido a ninguna persona exitosa que no tenga pasión con ese brillo en los ojos por el trabajo que hace.

8. *Dejarse entrenar: todos aprendemos de todos sin excepción.*

   Asumimos que aprender es un acto solemne, sobre contenidos densos, realidades que no forman parte de lo habitual y que parte de una fuente que lo sabe todo o de personas que tienen un nivel jerárquico mayor al nuestro.

   Yo sinceramente nunca he creído que el aprendizaje sea únicamente de arriba hacia abajo.

   Creo que debemos centrarnos en todo lo que tenemos ante nuestros ojos en el día a día, con nuestros compañeros en la organización, con nuestras familias, con nuestra sociedad para investigarlo todo con curiosidad y rigor para no dejar nunca de continuar aprendiendo.

9. *Aportar un "extra": la diferencia entre gente «ordinaria» y la gente «extra-ordinaria».*

   Esa es la clave!. Podemos realizar muchísimas cosas, lograr incluso muchísimos éxitos en la cartera de proyectos y grandes resultados mucho más que el resto de otras áreas.

   En resumen es todo aquello que nos diferencia cuando logramos el éxito de los grandes proyectos estratégicos de la organización.

   Como PMOfficer hay que dar el extra pero muy especialmente cuando tenemos precedentes documentados y/o información previa que podemos llevar a la práctica, porque puede ayudarnos como lecciones aprendidas a alcanzar el éxito.

   En definitiva, somos diferentes y especiales cuando damos "ese extra" ya que somos capaces de transformar lo común en algo extraordinario.

10. *Estar preparado: siempre con plan a, plan b y el plan de emergencia.*

    Últimamente he leído en muchos fotos y revistas que tener un "plan B" es de fracasados, pero si lo enfocamos desde el punto de vista de la gestión de proyectos estamos indicando que si no funciona el plan A, es porque puede existir incongruencia o falta de control del proyecto por mencionar dos ejemplos y es por ello como PMOfficer debes considerar siempre el Plan y Plan B para todos los proyectos pero muy especialmente para los proyectos estratégicos de la organización.

Notes

Notes

PARTE 4:
10 Cosas para ser un buen líder para Tú PMO

" El Liderazgo no lo asigna ni una posición, ni una edad, ni unos conocimientos y mucho menos una empresa . . . . es algo natural que sólo pocos poseen y tienen la capacidad de transmitir tanto para lo bueno como para lo malo "

Esto es uno de los grandes temas que pensamos erróneamente, ya que el liderazgo es algo que alguien puede atribuirse simplemente cómo algo más . . . por desgracia el liderazgo está asociado al poder, al dinero y a ejercer la libertad desde un punto de vista social.

En el mejor de los casos, el liderazgo no es una competencia por el poder, sino el diseño de un proceso de descubrimiento conjunto.

Hay desde mi punto de vista algunas cualidades que distinguen a los mejores líderes, subrayando que se diferencian por incentivar a la gente, lo cual supone compromiso, respeto, entusiasmo y vocación de servicio entre muchas otras.

Eso es lo que vamos a compartir en esta cuarta parte sobre las **"10 Cosas para ser un buen líder para Tú PMO"**.

1. ***Escuchar:*** *debes aprender siempre a escuchar, no es "oír" es "escuchar" o nunca entenderás.*

   Como el máximo responsable de una PMO una cualidad imprescindible no sólo es escuchar, es saber escuchar ya que es de suma importancia para una comunicación exitosa tanto con los miembros de la PMO cómo con el resto de involucrados a todos los niveles en la cartera de proyectos.

   Creo que para proyectos ágiles es una de las mayores cualidades que debemos tener especialmente por la relación con el product owner para entender exactamente sus necesidades.

2. ***Sugerir:*** *una sugerencia es mejor que un consejo por que la sugerencia es solo una opción entre muchas y el consejo parece que es la única solución.*

   Una de las grandes ventajas que debemos aplicar como PMOfficer es dar a conocer de forma inmediata una idea o un concepto que, de no expresarse en ese preciso momento se diluirá o incluso puede llegar hasta olvidarse . . . es decir una sugerencia.

   Una sugerencia la debemos realizar principalmente a la alta dirección cuando lo consideremos necesario para la mejor toma de decisiones y la cual debe basarse en función de nuestra experiencia y visión como especialista en las gestión de proyectos y/o productos.

3. ***Reflexionar:*** *el poder reflexionar es una capacidad necesaria que debe desarrollar el PMOfficer para saber si va por el camino correcto o bien, si debe reconducirlo.*

   Hay pocas cosas que son consideradas por parte de las personas que lideran una oficina de gestión de proyectos y desde mi experiencia la capacidad de reflexionar es una de ellas y quizás de las más importantes.

   Esa capacidad de reflexionar sobre nuestro propio pensamiento así como sobre nuestras propias decisiones, es en definitiva desarrollar la capacidad de introspección!.

Durante mi trayectoria esa capacidad siempre me ayudó para salir victorioso de situaciones híper complejas pero sobre todo en momentos de gran estrés y dificultad.

4. *Aceptar un debate: El debate es una necesidad de comunicación e intercambio de ideas en una PMO que ayuda al equipo a ser más completo cada día.*

Considero que el debatir permite crear en la PMO un ambiente de compromiso que contribuye a transferir la responsabilidad entre todos los miembros del equipo, pasando de un enfoque pasivo a otro más activo.

Por cierto, el debate cuenta con más de 4.000 años de historia y una amplia experiencia de uso en el campo educativo desde la época de Protagorus (Atenas 481-411 a.c.) a quién los historiadores le consideran el padre del debate.

5. *Congruencia: se debe ser coherente entre lo que se dice, se piensa y se hace.*

Sin lugar a dudas como PMOfficer debemos ganarnos a todos los miembros de la PMO y por supuesto a todos los interesados, pero sin obviar a la alta dirección por que al final es quién patrocina o funciona como sponsor.

Debemos ser totalmente congruentes entre lo que transmitimos con palabras, y pasarlo a lo hechos.

El PMOfficer debe encontrar el balance entre nuestros pensamientos, nuestras acciones y nuestras emociones; donde nuestras acciones son un reflejo de nuestros pensamientos y emociones.

6. *Confiabilidad: es una de las virtudes más importantes que puedes tener como PMOfficer, ya que si lo eres, significa que los demás te ven como un líder.*

Si encontramos cualquier definición de las personas confiables, éstas se caracterizan por ser integras; es decir honestas.

Por tanto cómo responsable de una oficina de gestión de proyectos liderando a un grupo importante de profesionales debemos ser íntegras y honestas donde implica no mentir, ser leales y cumplir nuestras promesas.

Esta confiabilidad nos permite construir primero cómo PMOfficer y posterior transmitir con cada miembro de la PMO la valía en nosotros mismos, para llegar a ser personas de valor.

7. *No mientas: nunca mientas porque pierdes credibilidad, Tú equipo puede perdonar un error pero nunca una mentira.*

Dicen que la mentira forma parte de nuestra comunicación irremediablemente, nos guste o no todos hemos mentido alguna vez independientemente del fin.

Posiblemente sea verdad pero a pesar de esto, pocos se han librado de sus fatales consecuencias a corto, medio y largo plazo y por esa misma razón hay que evitarlo como PMOfficer porque el manejar a un grupo amplísimo de profesionales a todos los niveles tanto internos como externos podría ser de fatales consecuencias que es mejor evitar antes de ser demasiado tarde.

8. *Sé justo: aplica el adjetivo para nombrar a aquello que resulta conforme a la justicia. Lo justo, por lo tanto, es ecuánime, equitativo, imparcial o razonable.*

Probablemente el primer deber de justicia en una PMO consiste en trabajar bien, entre otras muchas más acciones como la puntualidad, el orden y las prioridades entre actividades, una actitud positiva, una relación correcta en la organización con los clientes entre muchas otras más.

Es precisamente por ello que debes ser imparcial y justo con todos los miembros de la PMO y valorarlos en su justa medida.

9. *Dar resultados: si no hay resultados (tangibles/intangibles) es imposible medir, y si no es posible medir es imposible mejorar.*

Definitivamente nos guste o no, la esencia de asumir responsabilidades está en la esencia de tomar decisiones y la mayoría de las decisiones que debemos tomar siempre tienen algún grado de incertidumbre . . . es obvio, no existe ninguna toma de decisiones exenta de riesgo ni incertidumbre.

Esa incertidumbre principalmente es reflejada en la gestión de toda una cartera de proyectos y la cual puede ser contraproducente sino se refleja en resultados que pueden ser tangibles (reportes de cuadros de mando, indicadores de la cartera global de proyectos, etc.) o resultados intangibles (la felicidad y satisfacción de los miembros de la PMO, la influencia positiva en otros equipos y personas de la organización sólo por mencionar dos ejemplos).

10. *Arriesgar lo necesario: siempre que se toma una decisión se acepta un riesgo . . . pero si no decides nunca avanzas y sino avanzas Tú equipo no triunfa.*

Según un refrán popular se dice "de quién no arriesga no gana", y muy probablemente es aplicable a todo lo que nos rodea en la vida diaria, no obstante hay muchísima gente que cualquier decisión o arriesgar le produce vértigo por no decir miedo.

Para un PMOfficer no puede existir ni la duda ni el vértigo ni el miedo, obviamente no tomarás riesgos ni decisiones al azar ni tirarse al precipicio porque entonces no puedes ni debes liderar una PMO.

Notes

Notes

PARTE 5:
10 cosas para destacar en Tú PMO

" El destacar en algo es darle un matiz de reivindicación a lo que se valora, es reafirmar que el camino que seguimos es el correcto . . . "

Uno de los grandes retos para toda Oficina de Gestión de Proyectos es proporcionar valor a la organización, ya sea de forma tangible o visible así como de forma intangible pero también debe ser perceptible.

El concepto de valor en la cartera de proyectos es sin duda alguno un tema subjetivo y por lógica bastante difícil de establecer.

No obstante considero que sí es posible desde un punto de vista de visión estratégica y va acorde a la cultura de cada organización así como el tipo de país, negocio, industria o área donde esté implementada o se quiera implementar dicha PMO.

Pero sin duda alguna es imperativo no solo demostrar que el tipo de valor que puede aportar si no saber medir y transmitir primero entre el equipo para después hacia la alta dirección

Eso es lo que vamos a compartir en esta sexta parte sobre las **"10 cosas para destacar en Tú PMO"**.

1. ***Estudiar:*** *se debe estar en continuo aprendizaje, es la única forma de mejorar personal y en equipo para afrontar con garantía los cambios y retos de siglo XXI.*

   La formación no es una opción, es una obligación para todo profesional!. El PMOfficer no puede estar exento a la constante formación, dentro de sus funciones debe estar siempre al tanto de todas las novedades sobre la gestión de proyectos y la gestión de oficinas de proyectos principalmente de manera que sepa cuáles son las mejores formaciones para su equipo de trabajo.

   Pero tampoco puede olvidar dejar de formarse él mismo en las últimas tendencias relacionadas con temas sobre dirección estratégica, estrategia empresarial, planificación corporativa, liderazgo, gestión de personas, gestión de equipos entre otros varios temas pero aquí solo mencionamos los mínimos indispensables.

2. ***Practicar:*** *la única forma de aplicar lo que se estudia es practicando.*

   Quizás esto esté más enfocado sobre la agilidad en proyectos. La metodología no fomenta y por el contrario puede impedir el descubrimiento y empirismo.

   Un mal entendido del enfoque ágil desde mi punto de vista puede llevar a aspectos disfuncionales (por ejemplo para Scrum como la adopción de un enfoque "mini cascada" en el cual los sprints se convierten en períodos cortos de tiempo donde se aplica un análisis, diseño, codificación y pruebas en pasos sucesivos y predefinidos. Esto algunos lo llegan a llamar "water scrum fall").

   Coincido con otros autores que algunos aspectos como el descubrimiento, el empirismo y la inspección continua son claves para lograr un proceso de práctica constante de mejora continua de innovación en el producto a construir.

3. ***Reforzar debilidades:*** *es la mejor forma de crecimiento personal y profesional.*

   En estrategia empresarial o en la ciencia que se ha formado alrededor del **pensamiento estratégico**, existen una serie de herramientas necesarias para preparar y elaborar el plan que se necesita para ver cuál es el presente de la empresa y cómo será el futuro para conocer nuestras **ventajas competitivas** con respecto al entorno.

Pero eso también aplica para los profesionales no solo para las organizaciones!.

Como responsable máximo de una PMO, el PMOfficer en su continua búsqueda de mejora y evolución debe realizar su auto-análisis DAFO[14] y posteriormente empoderar a su equipo para que cada miembro de la PMO realice el suyo propio.

Si lo enfocamos desde la agilidad considero que debería ser una característica de los denominados equipos auto-gestionados y/o auto-organizados, ya que intentan explotar las características entre los miembros tales como autonomía, organización, tener un objetivo común, resuelven problemas entre ellos mismos de forma interna, tienen estimulación y motivación de forma individual y en equipo, logran una identificación d pertenencia y expanden el liderazgo tanto interno en la organización como exterior con otras organizaciones.

4. *Mejorar las fortalezas: todo es mejorable inclusive nuestras fortalezas.*

Tal como lo hemos comentado anteriormente en reforzar debilidades también debemos reforzar nuestras fortalezas, es un ecuación simple de lógica porque lo que hoy funciona no significa que funcione mañana.

Un PMOfficer debe saber que siempre tiene un reto en la organización cada día con ambición y alegría pero sin miedo al mismo tiempo, para mantener ese punto de tensión mínima es indispensable que apliques el ejercicio de mejora continua personal donde por supuesto significa mejorar las fortalezas tanto propias cómo posteriormente empoderar a su equipo para que cada miembro de la PMO realice suyo propio ejercicio de mejora continua personal.

5. ***Preguntar:*** *sino preguntas cómo lo vas a comprender? nunca hay una pregunta tonta.*

   No es ningún secreto que la curiosidad torna al aprendizaje más efectivo y agradable, básicamente porque al cerebro le gusta la curiosidad.

   No obstante en muchas ocasiones hay gente que le molesta ya sea por tiempo o por carácter, que se le pregunten las cosas más de una vez por lo tanto la recomendación es primero usar mano izquierda al preguntarles y segundo extender al máximo de personas posibles en tu radar para la misma pregunta.

   De manera que después con la información recabada del conjunto de todas las respuestas podrás tener la mejor respuesta.

   Y nunca olvides que toda pregunta debe ser gratis y NO existe ninguna pregunta tonta!.

6. ***Escuchar:*** *es la mejor forma de entender y se debe saber diferenciar con "oír" que parecen lo mismo pero nunca lo son.*

   Comenzando por lo más básico el escuchar es un arte y una prueba de respeto, y el PMOfficer debe ser el primero en una PMO que lo debe poner en práctica con el ejemplo ya que además demuestras que te interesa lo que te están contando (respeto) más allá del nivel real de interés que tengas.

   Pero más importante llega a ser que en caso de no saber escuchar puede representar graves problemas en tu PMO a la hora de delegar, negociar e inspirar a tu equipo de *trabajo*.

   También puede representar graves problemas a la hora de negociar con los clientes, usuarios, interesados, sponsors y todos aquellos relacionados con la cartera de proyectos y productos de la organización.

7. ***Reflexionar:*** *cuando las cosas no salen cómo pensamos hay que parar para pensar y considerar con atención y detenimiento la situación, para comprenderlo bien antes de tomar una decisión.*

Aunque lo hemos mencionado anteriormente donde muy pocas cosas que son consideradas por parte de las personas que lideran una oficina de gestión de proyectos y desde mi experiencia la capacidad de reflexionar es una de ellas y quizás de las más importantes.

Por qué debe destacar este punto en tu PMO? Porque influye positivamente para que lo realice el resto de los miembros, la reflexión no debe quedarse únicamente en el PMOfficer.

8. *Tener un mentor: antes de tener un equipo debes aprender de los mejores y el camino comienza cuando te escoge un mentor y después debes devolverlo con los jóvenes.*

Una de las pocas cosas que siempre eché de menos en mis inicios profesionales fue haber tenido un mentor, siempre busqué esa persona tan especial y a la vez tan olvidada que está detrás del éxito de grandes profesionales que han triunfado en los negocios, en los deportes, en los estudios, en la iinvestigación pero que nunca tuve la oportunidad de tener.

Precisamente por eso considero que un PMOfficer debe ejercer ese rol dentro de la medida de sus posibilidades con su equipo de trabajo, por supuesto que no puede aplicar para todo el equipo pero si para alguno(a) en especial por la afinidad especial tanto profesional como personal que puedan compartir.

9. *No rendirse: el equivocarse y tener fracasos es parte del aprendizaje y crecimiento tanto personal como profesional, a pesar de eso no debemos desviarnos de nuestro camino hacia la búsqueda hasta lograr el éxito.*

Por muchos conocimientos, éxitos y experiencias adquirida a través del tiempo no te asegura que la actual también lo será, como todo en la vida y en lo profesional no puede ser la excepción el camino está lleno de curvas, pendientes, trincheras que en cualquier momento te pueden hacer fallar o lo que algunos llaman "fracasar".

Desde mi punto de vista no lo podemos llamar fracasar porque lo estás intentando y cómo todo las cosas pueden salir bien (o no) por tanto cuando pasen esos malos momentos (que pasarán seguro) queda prohibido rendirse! . . . las experiencias son situaciones que te pueden dar alegrías (éxitos) o tristezas (fracasos) pero no puedes valorarlas en su justa medida la una sin la otra.

10. *Celebrar: al finalizar un proyecto y cumplir con los objetivos como todo triunfo siempre debe celebrarse en su justa medida! . . . por supuesto primero con el equipo y después personal en la intimidad.*

Siempre con medida, pero no podemos ni debemos dejar pasar la oportunidad de festejar con todos los interesados (comenzando por el equipo) todo proyecto finalizado o producto entregado con éxito!.

Compartir los éxitos refuerza siempre al equipo para los siguientes retos que están por venir, por ello es tan importante celebrarlo!.

Notes

Notes

PARTE 6:
10 cosas para ser un buen compañero en Tú PMO

" Un buen compañero no es ir a comer todos los días juntos ni ir a tomar cerveza todos los viernes . . . . eso lo puede hacer cualquiera "

Para tener éxito en el trabajo, debes contar con las habilidades necesarias para trabajar en conjunto con tus compañeros y debes ser una parte valiosa del equipo.

Si trabajas en equipo, esto será de utilidad para desarrollar relaciones provechosas con tus compañeros de trabajo y hará que todos en la organización te identifiquen como un gran colega de trabajo.

Si trabajas con tu equipo, podrás aumentar tu rendimiento laboral y te desempeñarás mejor en tu rol siendo inspiración para el resto del grupo.

Eso es lo que vamos a compartir en esta sexta parte sobre las **"10 cosas para ser un buen compañero en Tú PMO"**.

1. ***Haz el trabajo:*** *se resolutivo, a todo problema puedes encontrar "n" soluciones.*

   Para una posición estratégica para una organización como es la del PMOfficer, las altas exigencias van acordes al puesto por tanto es fundamental tener una personalidad y carácter focalizado en que las cosas se resuelvan fácil y rápidamente.

   Para ello es igual de importante contar con un equipo resolutivo igualmente ya que aunque tú les indiques las líneas a resolver si no se ejecutan al final no se consigue plasmar ese trabajo en las "n" soluciones necesarias para toda PMO con cambios continuos por parte de los interesados pero también de otros factores propios tanto internos como externos a la organización al gestionar toda una cartera de proyectos y productos.

2. ***Estudia Tú rol:*** *no hay cosa más fundamental en una PMO conocer cuál es Tú rol y responsabilidades así como del equipo, de esta manera se evita duplicidad de trabajo y se logra ser más eficiente.*

   Uno de los grandes defectos y problemática encontrada a través de los años que he trabajado liderando oficinas de gestión de proyectos es la falta o nula descripción de los roles y responsabilidades de cada uno de los miembros!.

   Si pensamos en una Agile PMO donde el 99.99% piensan que el agile coach o pero aún el scrum máster debe liderarla junto con el product owner el tema se complica, y mucho.

3. ***Estar preparado:*** *siempre estar preparado para las cosas esperadas, pero mejor aún para las cosas «inesperadas».*

   En los tiempos actuales de constante innovación tecnológica no solo las organizaciones deben estar preparadas para todos estos cambios, nosotros como profesionales somos quienes creamos al final las empresas y los verdaderos motores del cambio por tanto como PMOfficer siendo una figura clave debemos estar preparados antes que nadie para ser influencia positiva para el resto de la PMO.

4. ***Escuchar:*** *un buen compañero siempre escucha y nunca crítica.*

Hemos comentado previamente que una cualidad imprescindible no sólo es escuchar, es saber escuchar ya que es de suma importancia para una comunicación exitosa tanto con los miembros de la PMO cómo con el resto de involucrados a todos los niveles en la cartera de proyectos.

Antes de ser el responsable de la PMO eres un compañero y cómo tal debes saber escuchar.

5. *Tomar notas: no sólo en las reuniones sino en todo momento que ayuden a mejorar a todos en el equipo, especialmente los detalles que al final son quienes marcan la diferencia.*

No es un tema trivial. En muchas PMO donde he participado nadie toma notas de una forma estándar que después alimente a una acta de reunión o trabajo, quizás puede parecer que no pasa nada pero la realidad nos demuestra que es sí que pasa, por tanto si ésta es tu situación toma acción.

Como PMOfficer debes comenzar por tomar notas que ayuden al responsable del proyecto o quién ha convocado la reunión a que levante el acta con los acuerdos alcanzados, temas pendientes, riesgos encontrados y toda aquella información relativa al proyecto para el cual se ha convocado la reunión sin importar si es formal o informal.

Pero también cuando hables con el equipo y resto de interesados debes tener una libreta "personal" de apuntes que te permita recordar las cosas más importantes que te transmiten para que no caigan en saco roto porque eso transmite que siempre todas sus opiniones son importantes para tí.

6. *Razonar: por qué? es la primera pregunta que debemos hacer, si comenzamos por razonar el porqué de las cosas sabremos identificar antes a los problemas y anticiparnos para encontrar las soluciones.*

"Por qué haces las cosas así? Porque siempre se han hecho así aquí". En cuantas ocasiones cuando debemos tomar el relevo en una nueva PMO o de un proyecto en marcha nos hemos encontrado con este tipo de respuestas (quizás otras mil similares)?.

Todas las cosas que se hacen y sin excepción no se realizan simplemente porqué sí! . . . todo tiene una razón de ser y cómo PMOfficer debes no sólo preguntarte sino el razonar el porqué se hacen las cosas de determinada manera en la organización . . . . a eso se le puede llamar conocer e integrarse a la cultura de la organización más aún cuando recién te has incorporado a liderar la PMO.

7. *Encuentra y has alianzas: si logras hacer alianzas con todos los interesados en la cartera de proyectos, tarde o temprano la PMO los necesitará para resolver problemas o conflictos.*

Independientemente del nivel que puedas tener como PMOfficer en tu organización no significa que seas compatible al 100% con todos los miembros del equipo e incluso congenies con todos los interesados por mucha disposición, educación y buenas intenciones que tengas.

Simplemente por una cuestión de naturaleza humana te encontrarás gente tóxica que tú no podrás hacer nada por mejorarlo, al menos en primera instancia y/o a corto plazo.

Por tanto es imprescindible que entre más alianzas puedas crear más fuerte harás tu posición frente al resto principalmente porque siempre como PMOfficer debes recordar que estás para llevar al éxito a la cartera de proyectos de toda una organización y en muchísimas ocasiones los interés de la organización no son los mismos que el de las personas en los proyectos . . . es obvia la respuesta del porqué? y el PMOfficer debe siempre considerarlo.

8. *Aplica la lógica: no hay manera más simple y eficaz para encontrar las mejores soluciones.*

Es más simple de lo que parece, sólo aplica el principio de Ockham que explica que "en igualdad de condiciones, la explicación más sencilla suele ser la más probable.

Esto implica que, cuando dos teorías en igualdad de condiciones tienen las mismas consecuencias, la teoría más simple tiene más probabilidades de ser correcta que la compleja.[15]

9. ***Explora e Innova:*** *una PMO que aporta valor debe estar en continua evolución y eso pasa por la innovación, como miembro de la PMO debes siempre explorar nuevas formas de mejorar.*

En una reciente ocasión durante un workshop con la alta dirección de una consultora TI muy importante de Cataluña, estábamos todos trabajando para intentar encontrar en qué nivel estaba la PMO de la organización y por supuesto hacia donde se quería llevar en su camino y grado de madurez alineada con los objetivos estratégicos de la organización.

En determinado momento de workshop pregunté porque no usaban en la organización un PPM[16] . . . . . Y mi sorpresa fue mayúscula cuando todos se miraron los unos a los otros como una película de comedia, peor aún los propios miembros de la PMO no sabían a qué me refería!! Pero cómo era posible me pregunté a mi mismo!????.

Cómo PMOfficer debes estar en constante evolución y conocer las últimas tendencias en las gestión de oficinas de proyectos y eso implica conocer las últimas herramientas que ofrece el mercado de manera que puedas implementar la que mejor se adapte a la cultura y necesidades de la organización que te facilite la óptima gestión de tu PMO.

10. ***Recargar Baterías:*** *una PMO está bajo presión continuamente para lograr los objetivos de la cartera de proyectos.*

Todas las personas pasamos por momentos duros de estrés, por eso es importante "desconectar" en períodos determinados de tiempo.

Se podría entender que al salir de vacaciones en las fechas que hemos acordado con el cliente y con el equipo podrían ser suficientes pero la realidad por desgracia nos indica lo contrario.

Hay que ir más allá de forma constante y como PMOfficer tomar cartas en el asunto tanto personal como con el resto de los miembros de la PMO con acciones concretas que generen energías positivas fuera del trabajo.

Estas actividades se deben compartir con todo el equipo de forma información que les pueda ayudar siendo acciones en grupo tan básicas como salir a comer todos juntos una vez a la semana hasta realizar actividades deportivas concertadas un par de veces al año así como quedar a cenar o tomar algo un viernes por la noche de forma espontánea.

Notes

Notes

PARTE 7:
10 cosas que Tú PMO puede aportar al país

" Los emprendedores que importan económicamente, son aquellos que intentan romper paradigmas y comienzan creando empresas innovadoras, más allá de lo exitosas (o no) que puedan llegar a ser "

No pretendo con este capítulo enfocarlo como algo patriótico, lo quiero enfocar desde un punto de vista social.

Todos los estados o países necesitan desarrollar proyectos de infraestructuras y tecnología entre muchos otros por tanto es imprescindible bajo cualquier escenario aplicar buenas prácticas.

Desde mi perspectiva las buenas prácticas deben ir relacionadas con las buenas acciones profesionales pero también con las buenas acciones sociales y buenas acciones morales que ayuden a dejar a nuestra sociedad ser mejor de la que la encontramos.

Si mejoramos la sociedad mejoramos nuestro estado o nuestro país y por ende nuestro mundo.

Eso es lo que vamos a compartir en esta séptima parte sobre las **"10 cosas que Tú PMO puede aportar al país"**.

1. ***Participación:*** *Tú empresa por medio de la PMO participe en acciones sociales.*

   Hoy en día ha tomado gran auge el tema de la sostenibilidad, asociándolo en la mayoría de las ocasiones a temas medioambientales y de la biodiversidad. Sin embargo abarca mucho más de lo que se aprecia, sobre todo desde el entorno en que nos desenvolvemos que es la gestión de proyectos, la sociedad donde nos desarrollamos y la situación económica de nuestras naciones.

   Creo que es una parte importante del PMOfficer en la que debe participar de forma desinteresada en la medida de lo posible, pues como todos sabemos que la gestión de proyectos involucra una diversidad de disciplinas, negocios e industrias, su aplicación es amplia dentro de las organizaciones.

2. ***Educación:*** *fomentar la educación aportando cursos gratuitos a la sociedad.*

   Sin lugar a dudas el PMOfficer debe aportar de forma gratuita y desinteresada cualquier tipo de educación en la medida que su posición y agenda se lo permita.

   Más allá que hoy día Internet nos permite tener a un sinfín de información de forma gratuita de todas las temáticas que busquemos, en la gestión de oficinas de proyectos tampoco es la excepción aún siendo considero que las experiencias personales y el conocimiento adquirido a través de los años no se puede explicar si no es por medio de compartirlo y por medio de la educación es una forma directa para llegar a la gente.

   El compartir experiencias con aquellos que difícilmente pueden pagarse de su propio bolsillo educación específica sobre gestión de oficinas de proyectos, gestión de proyectos, estrategia, liderazgo o agilidad por mencionar algunos temas pero no sólo con gente joven pero muy especialmente con todas aquellas personas que por las razones que sean estén interesadas en dichos temas pero su situación económica no se los permita.

3. ***Preguntar - Por qué y Cómo?:*** *si algo no funciona preguntar por qué no funciona y proponer cómo resolverlo.*

   Hay un poder muy grande dentro de nosotros que la sociedad ni el gobierno gustaría que usáramos en su plenitud: nuestra propia razón.

   Si seguimos ciegamente alguien por ejemplo a un líder y seguimos el paso convencional al éxito sin cuestionarlo, estaremos caminando sonámbulos. Porque una vida sin examinarla, no vale la pena tenerla.

4. ***Estado de derecho (ejemplo de democracia):*** *debe ser una organización y órganos de gobierno de gestión de proyectos soberana e independiente de otras entidades y/o organizaciones.*

   Por desgracia se constata más que nunca la frase "que el poder y/o el dinero corrompe" y muchísima gente con capacidad de decisión, entre ellos quienes gobiernan sin importar cual sea nuestro país, siempre se escudan en esta sencilla argumentación para entender lo que ocurre actualmente en el mundo.

5. ***Transparencia:*** *dar cuenta a todos los interesados (ciudadanos) no solo al Sponsor de todos los actos de la PMO, especialmente del uso del dinero de la cartera de proyectos y prevenir así los casos de corrupción y/o pérdida de dinero especialmente en proyectos públicos.*

   Aunque parezca ajeno a nuestra responsabilidad no lo es porque como profesionales que somos, es una obligación ser honestos con nuestra sociedad y nuestras familias actuando con el buen ejemplo trasladando las buenas prácticas de la gestión de proyectos y oficinas de proyectos no solo como PMOfficer sino también como ciudadano preocupado por su sociedad evitando las malas praxis principalmente en los proyectos con dinero público . . . que al final es el dinero de nuestros impuestos, de nuestros bolsillos y por ende de nuestros hijos.

6. ***Eficiencia:*** *ser referencia no solo para finalizar algo sino cumplirlo adecuadamente con trasparencia y honestidad.*

   Incluso como PMOfficer debes estar al tanto de lo que pasa en el mundo porque debe tener conciencia de la globalidad. En su país debe cumplir con sus obligaciones son transparencia y honestidad así como fomentarlo.

7. ***Enfoque ciudadano:*** *como personas todos somos parte de la sociedad y tenemos la obligación de mejorarla aportando nuestro granito de arena.*

   El PMOfficer tiene identidad, está informado, es deliberante, participa, se rebela con una consciencia despierta, es ético e intenta siempre velar por el bien público de toda la comunidad y nuestra sociedad.

8. ***Promover al apto:*** *rompe paradigmas que las posiciones las desempeñen cualquier persona por "ser amigo de alguien" y no por meritos propios que es lo correcto.*

   Uno de los grandes problemas por no decir grandes lacras en la gran mayoría de nuestros países es el llamado "amiguismo", "dedazo" o "compadrazgo" a la hora de premiar o dar un trabajo a una persona, estoy totalmente a favor de ayudar a los demás siempre pero ante todo la honestidad y ética debe prevalecer por eso creo que dentro de la medida de nuestras posibilidades y ámbito de actuación como PMOfficer debemos promover a la persona que más se lo merezca sin ningún tipo de distinción.

9. ***Resultados SI, Rollo NO:*** *los datos fríos que hablen de nuestro trabajo NO las palabras y buenas intenciones.*

   Desgraciadamente en nuestra sociedad actual la gran mayoría de las personas sólo se dedican a prometer e ilusionar prometiendo los resultados que darán pero los resultados luego son los que son . . . como profesionales tenemos la responsabilidad de con nuestro esfuerzo dar lo mejor de nosotros mismos pero siempre sin olvidar que debe ser con transparencia y honestidad.

10. ***Inversión racional:*** *invertir en lugar de gastar especialmente en proyectos con gasto público que sean parte de la cartera de proyectos que gestiona la PMO.*

Para todos aquellos que trabajamos o hemos trabajado para proyectos de la administración pública o proyectos del gobierno sabemos que existe desgraciadamente una alarmante pérdida de recursos tanto económicos como técnicos y tecnológicos por gente incompetente que ponen a cargo de los grandes proyectos del país, aquí es donde debemos entrar nosotros para intentar dentro de la medida de nuestras posibilidades cambiarlo o mejor aún . . . evitarlo!.

Notes

Notes

PARTE 8:
10 cosas que necesitas para tener una buena reunión en Tú PMO

" En cualquier trabajo las reuniones son importantes ya que conectan a los grupos de trabajo con los interesados del proyecto, estableciendo una comunicación de reciprocidad entre ambas partes para lograr los objetivos que todos deben tener en común . . . "

Más allá que cada día son menos eficaces las reuniones de trabajo porque las nuevas tendencias indican que generan más pérdida de tiempo que valor, no por eso significa que no deban ser necesarias desde mi punto de vista.

De hecho considero que unas de las grandes aportaciones de los marcos de trabajo ágiles fueron las Daily Scrum del marco Scrum (recordando siempre como optativas no como obligatorias).

Para ser más eficientes y optimizar el tiempo desde una PMO.

Eso es lo que vamos a compartir en esta octava parte sobre las **"10 cosas que necesitas para tener una buena reunión en Tú PMO"**.

1. *Agenda clara: ser claros el motivo, puntos y personas invitadas.*

   No puede existir punto más importante e inicial para toda reunión que realices, ya sea formal e informal . . . simplemente es una cuestión de tiempo!.

   La mayoría de las personas siempre tienen la agenda apretada o bien carecen de tiempo para realizar reuniones más allá de las típicas de forma semanal con su responsable o los famosos comités de seguimiento internos/externos en sus respectivas áreas organizativas (comité semanal, comité quincenal, comité mensual, comité ejecutivo o de la alta dirección, etc.).

   Por tanto tienes que ser muy claro, concreto y preciso con la agenda que se revisará entre todos los participantes, los temas y los puntos que se deberán tratar así como el tiempo a emplear de manera que no solo aplicas buenas prácticas de gestión del tiempo sino aumentas tu grado de eficiencia en reuniones de trabajo.

2. *Puntos claros a tratar: ser muy claros y específicos a tratar punto por punto para evitar distracción y dispersión.*

   En muchas ocasiones me he encontrado con gerentes o directores de proyecto que llegaban a las reuniones sin mencionar previamente ni tener preparados los puntos a tratar en la reunión, cosas que desde mi punto de vista no son erróneas sino demuestran falta de profesionalidad así como falta de organización y buenas prácticas en gestión de proyectos.

   Como responsable de la PMO debes inculcar y exigir a todo el equipo que debe llegar preparado previamente a toda reunión.

   Debes destacar que cada punto ha de estar redactado de forma clara, fácil y concisa, debe estar como dejarlo por escrito y siempre la recomendación para todos si se envían todos los puntos previamente a la gente convocada será muchísimo más efectivo.

3. ***Limitar el tiempo:*** *el tiempo es oro para todos y es mejor para todos optimizar el tiempo.*

   No hay nada más valioso que el tiempo, tanto el tuyo como el de los demás, cualquier pérdida de tiempo a nivel profesional es perder dinero y esfuerzo lo que provoca animadversión por las personas que tienen acumulación de tareas de su día a día para las siguientes reuniones que sean invitados por la persona.

   Debes validar con tu equipo de trabajo que cada reunión que tu PMO convoca controla el tiempo correcto de inicio, de cada punto revisado, las tareas y compromisos acordados así como el final de la misma, si detectas que algún miembro del equipo no lo realiza correctamente actuar como moderador en la siguiente para que se tome cómo buenas prácticas y compártelo con el resto del equipo para que todos lo apliquen por igual, de esta manera tu PMO gana credibilidad ante los demás interesados e involucrados en los proyectos dentro de tu cartera.

4. ***Análisis vs rollo:*** *si llevas bien preparada la reunión se focaliza en lo importante, se evitar divagar y se evita perder el tiempo.*

   Otro de los grandes problemas y defectos que he encontrado en múltiples empresas y personas, es cuando algunos de los participantes sólo se quieren centrar en sus temas sin importar o querer ver el global de los demás . . . que es precisamente el objetivo de la reunión el ver la foto completa sobre un tema, proyecto o problema concreto que involucra a un grupo de personas.

   Si lo detectas córtalo de raíz, indicando que cualquier tema fuera de la agenda es fuera de la esta reunión y se revisará en el foro adecuado o bien se convocará otra reunión para abordarlo pero no ahora.

5. ***Tamaño adecuado:*** *debes establecer el tiempo adecuado según el objetivo y foro de participantes en la reunión.*

   Sin lugar a dudas este es uno de los puntos más complicados que debes de forma muy clara establecer.

El tiempo adecuado a utilizar la dificultad añadida radica básicamente que toda la gente cómo ya hemos mencionado anteriormente tiene una gran dificultad de agenda para nuevas reuniones fuera de las que ya tendrá previamente en calendario.

Muy probablemente te encontrarás con que tu reunión es igual o menos importantes que las de propia área o departamento y las persona sin lugar a dudas debe priorizar, por tanto ser concreto, específico y sobre todo respetar el tamaño de la reunión.

Para mí una de los grandes aciertos de Scrum han sido las Daily Scrum porque limita el tiempo a 15 mins para todos los participantes lo que eficientiza no solo el tiempo en sí mismo de la reunión sino la agenda de todos los asistentes.

Sin dudas ser eficiente en el uso del tiempo es una de las grandes cualidades de los mejores profesionales y cómo responsable de la PMO debes inculcar que todos los miembros lo realicen particularmente en aquellos proyectos no ágiles donde aún hay una gran cultura de "reunitis" o "juntitis" o el nombre que le quieras poner según cómo lo llame cada país, región o persona lo importante es que quede claro el mensaje.

6. *Acuerdos específicos: al final debes establecer con claridad quién y cuándo hace o entrega el qué (!?).*

Al final de cada reunión siempre deben existir reflejados puntos y/o acuerdos a seguir en el proyecto los cuales deben estar claros por la persona responsable así como una fecha al menos tentativa de compromiso de entrega o finalización.

Tienes que revisar que en todo proyecto esto lo realizan los miembros de la PMO porque de esta manera puedes tener de forma fácil y simple una foto alto nivel de los acuerdos, pendientes, responsables y fechas finales de entrega por cada proyecto antes de que se conviertan en riesgos o problemas que puedan afectar a la planificación, ejecución y/o entrega correcta del proyecto.

Con esta información podrás tomar acciones o decisiones preventivas como buen PMOfficer.

7. ***"Discutir bien":*** *para lograr acuerdos entre diferentes opiniones hay saber cómo discutirlas sin que haya gritos, insultos ni imposiciones de nadie.*

Cuando hablamos de "discutir" hay que entenderlo en el mejor sentido de la palabra.

Como responsable de un proyecto o una cartera de proyectos,[17] somos conscientes que siempre en todos los proyectos existen diversos puntos de vista entre todos los involucrados tanto internos como externos a la organización.

Es lo más obvio del mundo porque cada interesado o involucrado tiene sus propios intereses . . . . . más aún cuando son los económicos y son opuestos entre la PMO vs principales interesados (en este caso el cliente).

Pero también es algo lógico, principalmente porque el cliente siempre quiere pagar menos por tener más cosas y los responsables de los proyectos deben saber justificar el costo más real o aproximado de cada proyecto por todas las tareas así como todas las personas y empresas externas involucradas que debes gestionar y en muchos casos debes pagar al manejar el presupuesto de la cartera de proyectos.[18]

8. ***Prepararse bien:*** *antes debes haber informado a todos los participantes del contenido, tiempo y participantes de la reunión para optimizar el tiempo de todos o solo será pérdida de tiempo para todos los participantes.*

Aunque ya lo hemos comentado en varios anteriormente de forma indirecta merece tocarse aparte ya que desde mi punto de vista en este punto se puede diferenciar rápidamente una profesional real de aquél que aspira serlo.

Porqué? Simplemente porque demuestra que cuida todos los detalles en la gestión de sus proyectos y en muchísimas ocasiones aunque no lo parezca esos detalles marcan la diferencia entre el éxito o fracaso en los grandes proyectos.

Sin olvidar que demuestra ante la alta dirección que se tiene todo bajo control todo lo relacionado con la cartera de proyectos de la organización por medio de los miembros de la PMO, existen muchos directivos que aunque parezca una contradicción les encantan los detalles y te preguntarán en cualquier momento por ello.

No está por demás recordar que estas acciones son buenas prácticas en la gestión de una oficina de proyectos porque se estandariza para todos sus miembros.

9. *Atacar ideas no personas: podemos estar o no de acuerdo con las personas pero siempre debemos fijarnos en la idea de esa reunión nunca en la persona.*

Otro de los grandes problemas que por desgracia me he encontrado en todas las organizaciones que algunas personas se toman las cosas como un tema personal.

Creo que no puede existir error más grande sobre ésta visión porque ante todo somos profesionales y lo que está en la empresa se queda en la empresa, si nos lo tomamos personal nos lo llevamos a casa u otros lugares fuera de la oficina donde tenemos más actividades e interacción con otras personas como nuestras familias que no tiene nada que ver con nuestros problemas laborales.

Comento todo esto porque no siempre podemos estar de acuerdo con todas las personas menos aún cuando existen intereses contrapuestos en la gestión de proyectos.

Como PMOfficer debemos siempre aclararlo con las personas que no estemos de acuerdo y debemos "discutir" asuntos complicados o difíciles de gestionar principalmente con los clientes pero también con nuestros equipos de trabajo y miembros de la PMO.

10. *Líder balanceado: como líder de la PMO debes poner ejemplo siendo un buen moderador y buen facilitador durante cada reunión siempre que sea necesario.*

En resumen debes aplicar la suma de todos los nueve puntos anteriores pero adecuados a cada situación, sí sí sí ya sé que es una cosa muy complicada y seguramente nos podremos dejar más de alguno en el camino porque todo depende de la realidad actual de nuestra organización así como de nuestros actuales miembros de la PMO.

Una puntualización muy importante es que todos los puntos anteriores son los propios miembros de tu PMO (líder, gerente o director del proyecto, etc.) son los responsables de llevarlos a cabo para todos y cada uno de sus propios proyectos que están liderando.

Simplemente como PMOfficer debemos tener todos estos puntos siempre presentes para asegurar que desde la PMO como buenas prácticas se aplican en todo momento.

Recordando que al liderar una cartera global de proyectos[19] se tiene una relación constante y continua con múltiples involucrados en cada proyecto desde los propios interesados dentro de la misma organización, pasando por interesados de otras áreas internas hasta involucrados de diversas empresas y/o proveedores externos.

Notes

Notes

PARTE 9:
10 secretos para lidiar con colegas difíciles en Tú PMO

"A todos inevitablemente nos ha tocado lidiar alguna vez con gente problemática, aquella que llamamos "gente tóxica" y por defecto tiene una actitud siempre negativa o derrotista "

No cabe duda que las relaciones son importantes en nuestra vida en todos los sentidos ya sea personal o profesional.

Está demostrado que son determinantes para nuestra salud física, mental y emocional.

Debemos tener algo muy claro: ser capaces de detectar su comportamiento perjudicial siendo es el primer paso para minimizar su impacto.

Y en menos o mayor medida, hemos sentido de lleno el impacto de sus acciones.

Las buenas relaciones nos hacen más felices y saludables pero por el contrario las malas relaciones nos afectan y nos hacen daño de forma directa e indirecta en nuestro ser.

Debemos recuperar nuestras habilidades asertivas, el derecho a equivocarnos, a fomentar las relaciones que sí son productivas y evitar dejarse llevar por la negatividad u hostilidad de las personas toxicas.

Eso es lo que vamos a compartir en esta novena parte sobre las **"10 secretos para lidiar con colegas difíciles en Tú PMO"**.

1. ***Identifica su naturaleza:*** *antes de enfrentar a un compañero de trabajo tóxico es necesario entender cuáles son sus comportamientos y qué busca lograr con ellos.*

   Sin importar cuándo ni cómo todos hemos vivido situaciones personales muy complicadas las cuales afectan negativamente nuestra relación con los demás así como nuestro propio rendimiento . . . y en la mayoría de las ocasiones nadie lo sabe!.

   Podemos entender problemas desde lo más común como una separación amorosa, alguna enfermedad propia o de un familiar cercano, problemas económicos por citar algunos hasta los más complicados y dolorosos como la pérdida de un ser querido.

   Por tanto la relación con las personas es algo fundamental para el *éxito en nuestra profesión y rol como* PMOfficer, muy especialmente con nuestros miembros de la PMO.

   No significa que debamos saber la vida completa de todas las personas, significa hacer sentir cercano a toda la gente de manera que tengan confianza suficiente en tu persona para compartir tales situaciones y de ésta manera les puedas ayudar . . . ahí comienzas a identificar esa naturaleza y transformar a una persona tóxica en un gran aliado!

2. ***Analiza si el problema es contigo:*** *identificar si la agresión es sólo contra nosotros o es un comportamiento regular con otros miembros del equipo.*

   Dice un refrán mexicano "Nadie es monedita de oro" . . . eso es una verdad innegable del tamaño de una catedral pero tampoco significa que debas llevarte mal con todos!

   Especialmente debemos tener mucha mano izquierda cuando nos incorporamos a una nueva organización en sustitución de una persona, ya que posiblemente puedes tener conflicto con el(la) mejor amigo(a) de la persona a quien has sustituido especialmente si han prescindido de ella por los motivos que sean (ojalá se haya marchado por propia motivación porque entonces el escenario no es tan complejo).

Si detectas que es un comportamiento general hacia todas las personas, comienza por el punto anterior e intenta ser su "aliado" o su "amigo" desde un punto de vista profesional, intentando conocer cuáles son los gustos o cosas que más le motivan fuera del trabajo, interésate en conocer su mejor tema de conversación que te permita entrar a su círculo para poder conocerle mejor y poder ganarte su confianza y de ésta manera podrías evitar cualquier enfrentamiento entre los dos o especialmente con cliente u otro miembro del equipo.

Tienes que cuidar muy particularmente un enfrentamiento en público porque son los que más daño hacen al grupo de cara al resto de la organización y con los clientes.

3. *Neutraliza Tus emociones: Tal vez es esta la parte más difícil del proceso simplemente por qué somos seres que sentimos.*

Es normal sentirse agredido cuando un compañero de trabajo tiene un comportamiento grosero o hiriente, sin embargo, la clave para poder responder a la situación es proteger Tú autoestima y no permitir que esa persona te haga perder el control de tus emociones.

Aquí es donde entra la "Inteligencia Emocional" que debes desarrollar porque al estar al frente de un equipo de personas siempre debes mantener la compostura a pesar que las circunstancia o momentos puedan llegar a ser muy tensos y complejos particularmente con las personas tóxicas tanto en tu equipo como clientes o proveedores que forman parte de alguno(s) de los proyectos que están lideran desde la PMO.

4. *No lo dejes pasar: Un par de actitudes hostiles son suficientes para actuar.*

Uno de los temas más espinosos a tratar pero mientras más esperes para poner un alto a un colega fastidioso más trabajo te costará dominar la situación.

La cosa se complica cuando son los clientes de quienes recibes dichas actitudes y es cuando más inteligencia emocional y fuerza mental debes demostrar ... en otras palabras aquí hay que sacar la magia como PMOfficer.

Mi recomendación que no es trivial, es que te familiarices con temáticas de meditación y/o mindfulness[20] que te ayuden a entender que estas cosas son pasajeras y que existen cosas mucho más importantes, esto te dará un armazón casi indestructible!.

De lo contrario te causará estrés con todas las problemáticas asociadas a la salud como pérdida del sueño entre las principales.

De esta manera estoy seguro que mentalmente estarás mucho más preparado para dominar este tipo de personas y situaciones que por desgracia son inevitables cada vez más con mayor frecuencia así que debemos estar preparados.

5. ***Cuidado con el contra-taque:*** *Reaccionar de manera agresiva ante una conducta maliciosa es lo más común ¡y es lo que espera el agresor!.*

Sí parece mentira pero por desgracia no lo es y pasa con mucho más frecuencia en la gestión de proyectos de lo que la mayoría de la gente se lo podría imaginar.

Muchas personas cuando respondemos con enojo o malestar alimentamos el poder de la otra persona, porque le hacemos ver todo el poder que tienen sus palabras y acciones para sacarnos de nuestras casillas.

Especialmente hay que tener cuidado cuando gestionamos proveedores externos o clientes al momento de negociar nuevos proyectos ya sea el alcance con todos los elementos que se deben considerar que por supuesto tienen un coste así como en productos bajo agilidad que las entregas no cumplen con las características, especificaciones y tiempos de entrega que por ejemplo se definen en un sprint o release si utilizamos scrum porque son siempre temas de grandes conflictos entre las personas que contratan (cliente) con los que lo ofrecen (proveedores externos o internos depende de la PMO que lideremos en que ángulo se encuentre de la ecuación).

6. ***Guarda algunas evidencias:*** *Es importante cuidarse la espaldas. Es algo que como buenos profesionales y buenas personas que somos creemos que no deberían de pasar, pero pasan!.*

Es algo que como buenos profesionales y buenas personas que somos creemos que no deberían de pasar, pero pasan!.

Po eso archiva todos aquellos emails y escritos que sirvan de prueba acerca de tú desempeño y el de la(s) persona(s) conflictiva(s).

Órdenes que hayas dado, proyectos que hayan compartido donde se revelen las estrategias y las reaccione negativas del personaje en cuestión y cualquier material que sea útil para revelar sus problemas de actitud.

Esto te servirá para defenderte en el caso de que sea necesario ante una situación de conflicto y tenga que intervenir ya sea el director de la organización quién ha creado la PMO internamente o bien cómo el cliente que ha contratado la PMO como servicio externo.

7. ***No descuides Tus tareas:*** *Mantente atento con tú trabajo y no permitas que ninguna tarea asignada a tú persona sea desempeñada por el compañero conflictivo.*

Por desgracia me ha tocado en más de un par de ocasiones (la última ocasión mientras estás leyendo), que delegando una tarea a un miembro de la PMO piensas que lo está realizando pero en un momento determinado te das cuenta que no sólo no lo hace sino que podría usarlo para atacarte alegando que no haces tú el trabajo.

Por eso es más que importante concentrarte en tú propio desempeño y nunca dejar de lado tus capacidades como buen colega y profesional, no permitas que su actitud se refleje en tus resultados. A pesar de haber delegado esas tareas es mejor que tomes las riendas directamente y finaliza esas tareas cómo prioridad para evitar que sea "efecto rebote" negativo para tu persona.

8. ***Habla directamente con el conflictivo:*** *Es importante encarar el problema y no permitir que pase a mayores.*

Como responsable de la PMO y del grupo de trabajo demuestra que una de las partes busca resolver el problema.

Es fundamental entender que no podrás cambiar la naturaleza de la persona, pero si intentar lograr que mejore su actitud laboral. No entres en temas polémicos ni en discusiones, plantea la situación e intenta buscar soluciones a futuro y abre tú mente para comprender sus razones.

De hecho uno de los grandes errores que he encontrado en las organizaciones que quieren implantar la agilidad en sus equipos es que quieren cambiar a todas las personas cuando desde mi perspectiva es uno de los mayores errores y motivos de fracaso simplemente porque a la persona la aceptas cómo es pero le ayudas a mejorar siempre que quiera hacerlo, la aceptas cómo es y no lo haces partícipe del cambo o simplemente la empresa lo echa porque no se ajusta a los nuevos cambios que la organización está llevando a cabo.

9. *Refuerza tus relaciones con tus otros compañeros: Muy especialmente cuando alguien ha hecho y continúa haciendo bien su trabajo.*

Y cuando también se lleva bien con sus compañeros, cuando los resultados son obvios y de la nada aparece alguien que altera todo el sistema, resulta muy fácil determinar quién es la persona conflictiva, por eso intenta llevar una buena relación con tus compañeros, que tú conducta laboral sea la que hable por ti.

10. *Calma y paciencia: Es importante que recuerdes tener calma y paciencia siempre! . . . incluso hasta en los peores momento que siempre los enfrentarás.*

Especialmente ante las situaciones más difíciles y conflictivas que te encontrarás a lo largo de los múltiples proyectos que lidera la PMO en la organización.

No pierdas la perspectiva de cuál es Tú trabajo. A veces puede demorar, pero los compañeros de trabajo conflictivos suelen dar señales tan fuertes que llega un punto en el que resulta imposible para todos ignorarlos, por eso tarde o temprano la situación cambiará.

La paciencia es una virtud que pocas personas llegan a tener o desarrollar, pero como PMOfficer es imprescindible tenerla para liderar una cartera de proyectos y a todo un equipo en una PMO.

Notes

Notes

PARTE 10:
10 trucos que deberías aplicar como mago en Tú PMO

"Todas las personas nacemos con un propósito en nuestra vida, brillamos con el solo hecho de que cada persona es un mundo y con dones que se nos fueron dados para enriquecer el espacio y las personas que tenemos cerca "

Las personas que nos rodean nos afectan más de lo que pensamos. Nos demos cuenta o no, su actitud, la forma en la que nos hablan, su perspectiva del mundo e incluso su estado de ánimo nos influyen.

Por eso resulta inteligente tener a buenas personas a tu alrededor; esas que, cuando estén a tu lado, te aporten buenas sensaciones.

Pero como esto no siempre pasa cómo PMOfficer debes aplicar tu magia cuando lo consideres necesario para tu PMO.

Eso es lo que vamos a compartir en esta décima y última parte sobre los **"10 trucos que deberías aplicar como mago en Tú PMO"**.

1. ***Siempre piensa en el "aquí y ahora":*** *si hablamos de proyectos lo asociamos siempre a futuro pero no debería.*

   Es evidente que los todos los proyectos se planifican siempre con visión a futuro, eso no es un misterio es pura *lógica ya que sin excepción todos tienen un inicio y un final* para resolver una necesidad, aprovechar una oportunidad o mejorar un servicio para potenciar a la organización, pero que pasa si lo vemos desde el punto de vista de la agilidad y/o en la entrega de productos?.

   Cuando hablamos de entrega de producto aplicando una metodología ágil por definición sólo te enfocas en el día a día (aquí y ahora) aunque lo entregues en un "futuro" por ejemplo si hablamos de scrum en cada sprint generas entregas hasta la versión en producción del release final.

   Por tanto considero que incluso para los proyectos bajo marco predictivo también debes tener siempre presente la entrega del buen trabajo en el día a día (aquí y ahora) de manera que lo que hoy hagas bien sin duda alguna será la base para que te vaya mejor en el futuro ya sea corto, medio o largo plazo.

2. ***Recuerda "Eres un Ser A-Temporal":*** *sí leíste bien y no hablamos de metafísica ni física cuántica.*

   Considero que todos como personas y seres humanos sin importar nuestra profesión, país de residencia, nuestro nivel social, económico, cultural, intelectual o aquellos hobbies, gustos y/o deseos materiales que podamos tener en la vida, siempre debemos estar aprendiendo.

   A lo largo de nuestra vida vamos adquiriendo todo tipo de lecciones por medio de nuestras experiencias algunas de ellas podrán ser agradables o felices y otras no tanto.

   Por ello como PMOfficer desde una visión de gestión de oficina de proyectos y productos siempre he intentado:

   a. Aprender del pasado ("lecciones aprendidas").

   b. Vivir el presente ("aquí y ahora").

c. Pero creando con visión al futuro ("creando el presente creas el futuro").

3. *Sabes que todo es "temporal y pasajero": es lógico porque todo proyecto tiene inicio y final.*

   Si lo miramos fríamente todo proyecto al tener un inicio y un final significa por definición que es "temporal y pasajero" pero al mismo tiempo te permite vivir con pasión y por tanto una ilusión constante en cada proyecto de Tú PMO.

4. *Sabes que sólo existe el "hoy (tiempo presente)": no es un tópico siempre hay que vivir el presente.*

   Como ser "atemporal" siempre vives y disfrutas sólo en el presente ("el aquí y ahora") pero observas todo con perspectiva en tres tiempos.

   El pasado sólo te sirve de referencia, ya sea como "lecciones aprendidas" o como "retrospectivas"

   El futuro es donde visualizas todos los "nuevos proyectos" y/o los "nuevos productos" alineado con la alta dirección

   Pero eres consciente que todo lo construyes a partir del presente para llevarlo al éxito en el día a día junto con todo *tú* equipo de la PMO.

5. *No pretendas "ser un Líder": el liderazgo no se otorga ni se auto-asigna sólo se puede ganar.*

   No será por tu posición ni por tu rol de responsable de la PMO, sólo tus acciones pueden y deben hablar por tí.

   Serán tus acciones con el soporte de tus palabras las que dirán si eres o no un líder para tu equipo, y por consecuencia el líder de la PMO.

   Sólo si haces las cosas correctamente la gente te seguirá.

6. *No eres una "persona de moda":* *una persona que siempre dan soluciones jamás podrá ser parte de una moda.*

   Como ser "atemporal" NO eres una profesional de moda ni tampoco tú rol que va mucho más allá porque siempre está creando y aportando soluciones no solo para la organización si no como influencia positiva y motivadora para todos tus compañeros, colegas, responsables, clientes, proveedores tanto de la propia organización como colegas externos, pero la mayor importancia radica que actúas como influencia positiva principalmente para los miembros de tu PMO.

7. *Crea "Tú realidad":* *siempre buscando la verdad y la honestidad ante todo Tú equipo PMO pero impactando para toda la organización.*

   La magia de aquellos que impactan en todo su entorno comienza "creando su propia realidad", no hablamos del poder cuántico filosofal hablamos cuando trabajas, te comportas, actúas y hablas con total honestidad y transparencia estás creando un atmósfera que podemos llamar realidad idónea como PMOfficer para afrontar los grandes retos que significa liderar un grupo de profesionales, liderar un gran equipo de personas en una PMO.

8. *Desarrolla "el poder del pensamiento":* *todo lo creas a partir de Tú pensamiento.*

   En la actual sociedad que vivimos nos han "educastrado", es decir que las ideas de unos pocos prevalecen cómo ideas absolutas y dogmas que todos debemos seguir, esto nos condiciona nuestra manera de pensar.

   Recuerda siempre como PMOfficer que todo pensamiento positivo crea circunstancias positivas pero todo pensamiento negativo crea situaciones adversas.

   Intenta compartir con todo Tú equipo PMO pero buscar impactar para toda la organización.

9. *Aplica el "Efecto Dominó" del Pensamiento: El efecto dominó o reacción en cadena es el efecto acumulativo producido cuando un acontecimiento origina una cadena de otros acontecimientos similares.*

 Como ser humano al "pensar algo" desencadenas una serie de circunstancias que se van materializando a través del tiempo . . . la frase "querer es poder" no puede ser más poderosa y descriptiva de lo que podemos llegar a ser capaces de lograr.

 Ser capaces de crear tanto de forma individual en el rol del PMOfficer, cómo también de crear como todo un todo, de crear en conjunto como un equipo completo del que forman parte todos los miembros de la PMO.

 Si eres capaz de estar estar convencido como PMOfficer de todo lo que haces será un éxito serás capaz de influir en toda tu PMO para que lograran todo lo que se propongan.

10. *Crea el "Proceso de Manifestación": ésta es la verdadera magia del PMOfficer!.*

 Cada vez que establecemos un propósito en la vida, queremos que se cumpla en el menor tiempo posible, dependiendo del tamaño de la meta, la dedicación y nuestro mapa mental, el tiempo en que se alcanzará ese propósito puede ser variado.

 Hay personas que dominan muy bien el proceso de manifestación, eso significa que son capaces de creer en su capacidad natural de creación, poseen un carácter optimista contagioso que les permite aprovechar increíbles oportunidades.

 Cuando eres capaz de manifestar todas esas acciones que son compartidas pero también ejecutadas por el equipo PMO logras transmitir esa magia!.

Notes

Notes

Consideraciones Generales: Tipo ideal de PMO para tu organización

" El sentido común dice que el primer paso a dar es definir el tipo de PMO.

Sin embargo, investigaciones académicas ya realizadas no fueron capaces de comprobar la existencia de "tipos de PMOs".

Cada uno de estos tipos limita la PMO a un conjunto específico de funciones "ideales".

No es coincidencia el hecho de que no existan "estándares" reconocidos en el mundo. No hay, por ejemplo hoy día, un PMOBOK que indique el tipo ideal de PMO".[21]

Después de trabajar en múltiples Oficinas de Gestión de Proyectos en diversos países, sectores y organizaciones tan diferentes entre sí, he aprendido que uno de los grandes errores y fracasos en el diseño e implementación de una PMO es cuando está pre-concebida desde el inicio por gente NO especialista ni conocedora a fondo ni en la gestión de proyectos ni en la gestión de los diversos tipos de oficinas de proyectos.[22]

La razón es simple, la crean y ponen en marcha sin tomar en cuenta todos los ingredientes de la fórmula:

- La cultura de la organización.

- La sub-cultura del área o departamento dentro de la misma organización.

- La relación interna entre todos los miembros de la anterior, la actual o futura PMO.

- Tipo de miembros de la PMO desde los perfiles técnicos hasta los de gestión.

- El nivel de madurez de la organización en la gestión de proyectos y/o productos.

- El nivel, experiencia y formación de los miembros de la PMO para la gestión de proyectos para proyectos tradicionales y/o productos para los proyectos ágiles.[23]

- El resto que estás pensando en tu propio caso.

Si revisamos todas la literatura existente hoy día podrás darte cuenta que por un lado siempre son el mismo tipo de PMO divididas en Estratégica, Táctica y Operativa en sus múltiples "desdoblamientos" tales como Administrativa, de Control, etc pero todo depende de quién y cuándo lo ha escrito.

Todas estas descripciones son una percepción personal y profesional por tanto sólo la debes tomar como referencia y en ningún caso como verdad absoluta, por supuesto que podemos estar o no de acuerdo en mi visión.

En base a mi experiencia a continuación comparto 10 tipos de PMO y una breve descripción identificativa de cada una y así como una visión personal del tipo de rol(es) que participan y/o deben liderar cada PMO[24].

1.PMO Administrativa

- Proporciona soporte en tareas administrativas como la creación y mantenimiento del repositorio para toda la documentación de la cartera de proyectos, se encarga de las agendas de todos los gerentes de proyecto, realiza las convocatorias de todas las reuniones así como realiza el seguimiento de todas las reuniones de la cartera de proyectos generando las actas, realiza la consolidación de todos los informes ejecutivos y no usa ninguna metodología de gestión de proyectos.

- Generalmente es responsable un perfil bajo como Analista PMO.

2. PMO de Control

- Realiza todas las actividades de la PMO Administrativa pero además se encarga del cumplimiento correcto de todas esas actividades, se implica en verificar que se estén usando las metodologías o marcos de proyectos dictados por la alta dirección.

- Generalmente es responsable un perfil medio bajo como Analista PMO y/o un Gerente de Proyecto con cierta experiencia, pero solo se limita a seguir todas las tareas no participa en desarrollarlas.

3. PMO de Soporte

- Se encarga de la gestión de los proyectos tácticos de la organización y aplica parcialmente metodologías o marcos de gestión de proyectos

- Generalmente es responsable un perfil medio alto como Gerente de Proyecto o Director de Proyecto con experiencia contrastada, aunque solo se limita a seguir todas las tareas definidas previamente por la dirección o el cliente en ocasiones participa en desarrollarlas.

4. PMO Estratégica

- Se encarga de la gestión de los proyectos estratégicos de la organización y aplica parcialmente metodologías o marcos de gestión de proyectos.

- Generalmente es responsable un perfil medio alto como Gerente de Proyecto o Director de Proyecto con experiencia contrastada, aunque solo se limita a seguir todas las tareas definidas previamente por la alta dirección o el cliente, en ocasiones participa en desarrollarlas.

5. PMO Operativa

- Gestión únicamente de los proyectos operativos de la organización y aplica parcialmente metodologías o marcos de gestión de proyectos.

- Generalmente es responsable un perfil medio alto como Gerente de Proyecto o Director de Proyecto con experiencia contrastada, aunque solo se limita a seguir todas las tareas definidas previamente por la alta dirección o el cliente, no participa en desarrollarlas.

6. PMO Directiva

- Una combinación de PMO de Soporte + PMO de Control, pero además se "hace cargo" de los proyectos, asumiendo su dirección y aplicando metodologías o marcos de gestión de proyectos.

- Generalmente es responsable un perfil alto como Director de Proyecto con experiencia contrastada, no solo se limita a seguir todas las tareas definidas previamente por la alta dirección o el cliente sino participa activamente en desarrollarlas o mejorarlas.

7. PMO de Gobierno

- Es una PMO que se encarga de identificar, seleccionar y priorizar los proyectos bajo un cierto análisis de casos de negocio para determinar si son proyectos estratégicos, proyectos tácticos o proyectos operativo.

- Aplica metodologías de gobierno TI y metodologías o marcos de gestión de proyectos tradicionales.

- Se plantea la posibilidad de metodologías ágiles pero por su esencia choca frontal con mentalidad del agilismo lo que dificulta la integración de productos y proyectos ágiles en su rango de actuación.

- Generalmente es responsable un perfil alto como Director de Proyecto con experiencia contrastada, solo se limita a seguir todas las tareas definidas previamente por la alta dirección o el cliente ya que todo el marco de gobierno TI ya está definido a nivel organización y debe asegurar su correcto cumplimiento para todas la cartera de proyectos.

8. APMO (Agile PMO) o AMO (Agile Management Office)

- Gestión de todos los productos y proyectos de la organización aplicando únicamente metodologías ágiles para la gestión de la cartera del portafolio o programa de proyectos.

    Pueden plantear filosofía principios de agilidad como la escalabilidad, adaptabilidad, continuidad, flexibilidad entre los principales los cuales chocan frontalmente ante cualquier herencia de proyectos bajo entornos tradicionales.

- Plantean un enfoque de mejora continua en áreas de alto valor, cambiando las prioridades y la atención hacia donde interpretan que más lo necesita la organización.

- Es liderada por perfiles orientados únicamente hacia filosofías ágiles pero con visión estratégica y gobierno tanto TI como gobernanza de proyectos, programas y carteras.

9. PMO Híbrida

- Este tipo de PMO prácticamente no se aplica en la actualidad. Es la combinación entre una PMO de Gobierno y una APMO/AMO pero aplicando añadiendo la implementación de una metodología específica para una PMO que permita coexistir ambos mundo, el tradicional y el ágil.

- Asume la dirección de la cartera de proyectos, se asegura en aplicar las metodologías más adecuadas dependiendo del tipo de de proyectos o productos que mejor se adaptan a la organización haciendo un análisis previo de cada uno para de forma estratégica aplicar el marco o metodología más adecuado para cada uno de ellos.

- Generalmente combina en varios proyectos ambos marcos, es decir en un sólo proyecto combina marcos de trabajo para proyectos predictivos o tradicionales con metodologías ágiles.

- Debe ser liderada por un responsable con perfil de alta gerencia, con visión estratégica y con amplia experiencia como Gerente de Programa de Proyectos o Gerente de Portafolio de Proyectos, no es para un perfil de Gerente de Proyecto ni Director de Proyectos.

- Debe aportar además cierta experiencia en proyectos o productos aplicando metodologías ágiles.

10. ePMO (Enterprise PMO)

- Una combinación de PMO Híbrida + PMO de Gobierno pero a nivel corporativo, es decir no es una PMO a nivel dirección ni a nivel de unidad de negocio.

- La ePMO puede gestionar varias "PMOs" ya sean a nivel dirección "vertical" o por unidad de negocio "transversal".

- Aplica metodologías en gestión de oficinas de proyectos, gestión de proyectos y metodologías ágiles para gestión de productos.

- Debe ser liderada por un perfil directivo con amplia experiencia en múltiples formatos de PMOs preferentemente a nivel internacional.

Desde mi experiencia el modelo tipo ideal de PMO para tu organización debe ser aquella:

- Que cubra las expectativas de todos o la mayor parte de los interesados cuando son ambos marcos y cartera de proyectos internacional.

- Que más servicios y soluciones aporte al negocio global.

- Que esté alineada con los objetivos estratégicos de la organización a la que pertenezca.

- Aporte valor a lo largo del tiempo organización a la que pertenezca.

Por tanto mi conclusión para determinar cuál es el tipo de PMO ideal siempre debemos considerar que lo más importante:

- Independientemente del tipo de PMO o tipos de PMOs[25] que requiera implementar la organización debe estar alineada con los objetivos estratégicos de la organización.

- Debe aportar valor a lo largo del tiempo tanto tangible como intangible.

- Debe ser integradora para que pueda ser capaz de gestionar al mismo tiempo tanto proyectos bajo marco tradicional, como productos bajo metodologías ágiles.

- Deber ser flexible para trabajar bajo marco de filosofías ágiles pero siempre escalable y reproducible para toda la organización.

- Por último y sin dejar lugar a dudas deben ser liderada desde la figura del PMOfficer.

Consideraciones Generales: Tipo de roles ideales para una PMO

CREO QUE ANTE la explosión de estos últimos 3 a 5 años con todo lo referente a una PMO, existe una gran afectación con impacto directo principalmente:

- Sobre el tipo de PMO que tiene o pretende el área u organización.

- Su dimensión en cuanto a estructura de personas.

- Su definición en cuanto a su área de actuación.

- Su grado y nivel de madurez tanto actual como futura a la cual desea llegar a consolidar el área y organización.

- Las buenas prácticas en gobierno TI, oficina gestión de proyectos y gestión de proyectos y/o productos actualmente implantadas en el área u organización o en su defecto aquellas que han deciden implantar para PMO.

No obstante, considero que en una PMO pasa cómo en otros múltiples campos de actuación dentro de las organizaciones han dejado a un lado y me refiero a las personas.

He percibido que en la mayoría de PMOs donde he participado, que nunca han realizado un análisis correcto del tipo de profesionales requiere su PMO.

En muy pocos casos percibí que el responsable de la PMO había realizado el estudio del tipo de profesionales que requería en su equipo para logra el éxito en el programa o portafolio de proyectos que tenía asignado para llevar al éxito.

En la mayoría de circunstancias pasa que un agente de cuenta comercial de la consultoría de turno o de las Big1234 que venden el "Servicio PMO" a una organización con necesidades y problemas críticos para gestionar su cartera de proyectos, presentando grandes propuestas en plan "**PPT Consulting**" & "**XLS Reporting**".

Pero es obvio que la oferta realizada cumple las "fantasías del cliente" pero sin tener la menor idea de lo que significa realmente una PMO ya que presentan unos dibujos y gráficos espectaculares aderezados con unos textos adaptados de las organizaciones de referencia en las gestión de proyectos y productos de todos conocidos. (25)

El análisis es muchísimo más fácil de identifica de lo que parece y es simplemente porque la mayoría de responsables de presentar las ofertas comerciales no tiene ni la experiencia ni la información correcta del significado correcto de una oficina de gestión de proyectos (PMO, ni de forma conceptual, ni desde una visión estratégica y por supuesto ni mucho menos desde un punto de vista técnico si se trata de una empresa que maneja proyectos y productos con alto nivel de tecnología.

En este capítulo no vamos analizar todos los múltiples perfiles que requieren tu PMO, simplemente porque no es el objetivo de este libro pero sí es importante hacer una mención para concientizar que este punto no es ni trivial ni tan simple cómo nos lo venden prácticamente todas las consultoras que ofrecen estos servicios, ya que es evidente que los perfiles no pueden ser los mismo para liderar los proyectos a nivel técnico para Transformación Tecnológica, Big Data, Gobierno del Dato, RPA, Blockchain, Ciberseguridad, IoT, Machine Learning por mencionar solo los de mayor impacto para finales de ésta segunda década del SXXI.

No obstante a nivel de gestión en cualquier organización para un PMOfficer, sí que es más fácil poder establecer dichos perfiles pero siempre con un previo análisis exhaustivo y bien documentado, ya que deben ser avalados con pleno convencimiento que son los idóneos para liderar los proyectos antes mencionados.[26]

Por tanto mi conclusión para determinar cuál es el tipo de rol ideal para nuestra PMO siempre debemos considerar que lo más importante:

- Deben ser profesionales con una descripción adaptada a cada tipo de PMO.

- Profesionales como formación en marco gestión de proyectos tradicionales y/o productos en metodologías ágiles.

- Experiencia técnica y de gestión específica para cada tipo de PMO requerida en la organización.

- Dependiendo del tipo de proyecto fortaleza basada en una formación técnica potente "hard skills" de acuerdo a la cartera de proyectos de la organización, pero al mismo tiempo competencias y habilidades blandas "soft skills" que más se adapten a la cultura de la organización.

- Sobre todo que tengan una mentalidad ágil, flexibilidad de aprendizaje rápido, flexibilidad de adaptación a la cultura de empresa y tendencia al trabajo y colaboración en equipo, ésta última especialmente necesaria para los perfiles técnicos que en la mayoría de las veces son anárquicos en su propia naturaleza.

- Por último y sin dejar lugar a dudas deben ser evaluados, escogidos y liderados desde la figura del PMOfficer.

Proyectos y Productos de SXXI requieren de una Gestión y Liderazgo de SXXI

- *Las organizaciones de todo el mundo derrochan $1 millón cada 20 segundos mediante prácticas deficientes de la gestión de proyectos. Pulse of the Profession® 2018 PMI*

- *La incertidumbre que los cambios y avances tecnológicos generan en el mercado laboral. Se calcula que el 85% de los empleos del año 2030 todavía no han sido creado. Dell Technologies Julio 2017 Informe: Realizing 2030: Dell Technologies Research Explores the Next Era of Human-Machine Partnerships.*

Considero que hoy día NO existe una descripción concreta ni mucho menos un consenso global sobre el significado y aplicación correcta de una Oficina de Gestión de Proyectos (PMO), la cual como un ente organizativo debe estar alineada con los objetivos estratégicos de toda organización y liderar los proyectos de SXXI tales como Transformación Tecnológica, Transformación Digital, Data Governance, RPA, Blockchain, Ciberseguridad, Cloud, Big Data, IoT, Machine Learning, entre muchos otros.

Esta obra basada en la experiencia, intenta dar un poco de luz con **100 de las mejores prácticas para liderar una PMO,** y toda organización debe considerar un rol estratégico al responsable de la PMO (PMOfficer) como lo es el CIO, CISO y/o CTO y aunque en ésta obra lo intentamos defender y explicar de una forma más que convincente, el lector siempre tendrá la última palabra.

Hacia donde puede ir la evolución de una PMO

Desde mi perspectiva es inevitable la transformación interna de las organizaciones que ya se produce pero creo que descoordinada a nivel organizacional.

Está claro que en muchísimas organizaciones no está aplicado adecuadamente la transición al servicio una vez se finalizan los proyectos y se entregan al área de servicios para su gestión y monitorización para los casos de incidencias y problemas relacionadas con el servicio del día a día pero no entraremos en este tema porque da para otro libro sin embargo cuántos de ustedes tienen relación con la SMO (Service Management Office), claro en caso de existir en la organización y si existe un área corporativa de servicios existe el rol de Service Management Officer? . . . lo dudo.

Ahora si vamos más allá para la gran mayoría es perceptible cuando la gestión del cambio no se aplica adecuadamente en las organizaciones a pesar de que se hable mucho de ello hoy día.

Pero si vamos aún más en grandes organizaciones ya se comienza hablar sobre el concepto de la Gestión del Cambio Ágil[27] y donde las organizaciones ya comienzan a plantearse implantar en su organización.

Si consideramos la importancia de la Oficina de Gestión de Proyectos (PMO) como un ente estratégico no debe ser menos ni la Oficina de Gestión de Servicios (SMO) ni la Oficina de Gestión del Cambio (CHGMO).

Muy probablemente todo evolucionará hacia la Oficina de Gestión del Valor[28] (VMO) desde donde se liderarán todos los proyectos , todos los servicios y velará por la correcta gestión del cambio pero todo a nivel corporativo[29].

Probablemente la VMO será liderada por el Value Management

Officer como una nueva figura de SXXI o quizás sea la figura del CIO pero muy evolucionada, eso en los próximos años saldremos de toda duda.

Reflexión Final: Proyectos y Productos de SXXI requieren de una Gestión y Liderazgo de SXXI

- Las organizaciones de todo el mundo derrochan $1 millón cada 20 segundos mediante prácticas deficientes de la gestión de proyectos. Pulse of the Profession® 2018 PMI

- La incertidumbre que los cambios y avances tecnológicos generan en el mercado laboral. Se calcula que el 85% de los empleos del año 2030 todavía no han sido creado. Dell Technologies Julio 2017 Informe: Realizing 2030: Dell Technologies Research Explores the Next Era of Human-Machine Partnerships.

Considero que hoy día NO existe una descripción concreta ni mucho menos un consenso global sobre el significado y aplicación correcta de una Oficina de Gestión de Proyectos (PMO), la cual como un ente organizativo debe estar alineada con los objetivos estratégicos de toda organización y liderar los proyectos de SXXI tales como Transformación Tecnológica, Transformación Digital, Data Governance, RPA, Blockchain, Ciberseguridad, Cloud, Big Data, IoT, Machine Learning, entre muchos otros.

Esta obra basada en la experiencia, intenta dar un poco de luz con **100 de las mejores prácticas para liderar una PMO,** y toda organización debe considerar un rol estratégico al responsable de la PMO (PMOfficer) como lo es el CIO, CISO y/o CTO y aunque en ésta obra lo intentamos defender y explicar de una forma más que convincente, el lector siempre tendrá la última palabra.

Notas finales y referencias

1 Más allá que pueda existir alguna terminología estándar sobre algunos conceptos y/o descripciones sobre las oficinas de gestión de proyectos (PMO), al momento de esta publicación no existe un PMOBOK de aceptación y estándar mundial como puede ser el PMBOK como guía aceptada en los fundamentos para la dirección de proyectos en el que se presentan estándares, pautas y normas.

2 Es totalmente incorrecto para todo profesional que realmente trabaja o ha trabajado en una PMO que considere a una PMO como un rol o una persona.

3 Es la secuencia evolutiva que resulta de hacer de la ingente cantidad de datos e información recopilada que procede de sensores, cámaras o escáneres (BigData); un análisis y una dotación de sentido de estos datos a través de fórmulas matemáticas o algoritmos con el objetivo de resolver un problema (Smart Data).

4 Una PMO tanto para el PMI como para PRINCE2 es una Oficina de Gestión de Proyectos (OGP, Project Management Office, PMO) como un ente organizativo dentro de la empresa que define y mantiene estándares para la gestión de proyectos y productos en la organización formado por un grupo de profesionales especialistas en la gestión de proyectos y/o entrega de productos.

El PMBOK define a la PMO como una estructura de gestión que estandariza los procesos relacionados con la gobernabilidad de los proyectos de una organización. Facilitando el uso compartido de recursos, metodologías, herramientas y técnicas de la Gestión de Proyectos.

5 Aquí no entraremos a valorar si su aplicación en la organización es buena, mala o regular porque es un tema para debatir en otra publicación.

6   A título informativo es bueno recordar que desde el PMI (USA) nos indican que una cartera de proyectos puede ser a nivel Programa o Portafolio de proyectos, por tanto dentro de su rango de certificaciones existen el Gerente del Programa de Proyectos (PgM) y el Gerente de Portafolio de Proyectos (PfM); pero también existe su contraparte Axelos (UK) desde su perspectiva PMO/P3O (Portfolio, Programme & Project Management Office).

7   Fuente web http://www.planandino.org/bancoBP/node/3

8   Wikipedia https://es.wikipedia.org/wiki/Buenas_prácticas

9   Ministerio de educación y deportes del gobierno de España. http://www.mecd.gob.es/dctm/cee/encuentros/buenapractica.pdf

10   Nota del autor: Yo actualizaría la cita: *"de forma uniforme en todos los proyectos: el equipo de dirección de proyecto es responsable de determinar lo que es apropiado para cada proyecto determinado"*.

11   Nota del autor: La aplicación de una Oficina de Gestión Ágil (AMO) únicamente es utilizado en Australia, en la mayoría de países no se considera incluir metodologías ágiles en una PMO, es por eso que ha nacido el marco SAFe (scaled agile framework enterprise) para suplirlo.

Hoy día no existe ningún tipo de consenso entre una APMO (Agile PMO) y una AMO (Agile Management Office), sin embargo considero imprescindible mencionar ambas sin diferenciarlas para conocimiento del lector.

12   https://www.eleconomista.es/gestion-empresarial/noticias/5695373/04/14/El-75-de-las-profesiones-del-futuro-aun-no-existen-o-se-estan-creando.html

13   http://desarrollatucarrera.com/el-70-de-los-trabajos-del-futuro-aun-no-existen-debemos-aprender-a-aprender/

14   Acrónimo formado por las iniciales de las palabras Debilidades, Amenazas, Fortalezas, Oportunidades), o SWOT, su equivalente en inglés (Strengths o fortalezas, Weaknesses o debilidades, Oportunities u oportunidades, Threats o amenazas)

15 La navaja de Ockham (a veces escrito Occam u Ockam), principio de economía o principio de parsimonia (lex parsimoniae), es un principio metodológico y filosófico atribuido al fraile franciscano, filósofo y lógico escolástico Guillermo de Ockham (1280-1349).

16 PPM (Portfolio Project Management): Las soluciones PPM soportadas en software son capaces de ayudarnos a transformar los negocios de manera que desde los directivos de la organización hasta los equipos de proyecto pasando por el resto de los "interesados" están en condiciones de crear nuevas vías de colaboración entre ellos que les permita aumentar significativamente sus niveles de productividad y mejorar la eficiencia de la organización. Entre ellas, sin duda, destaca el desarrollo de la competencia organizacional.

17 Cuando hablamos de una cartera hablamos tanto de un programa cómo de un portafolio y va en función del tamaño de la organización, dirección o departamento responsable.

18 Una oficina de proyectos bien diseñada debe ser la responsable de gestionar el presupuesto de la cartera de proyectos ya que tienen la visibilidad global de todos los proyectos, tanto de las actividades internas de la organización con sus costes asociados así como todas aquellas actividades que deben realizarlas proveedores externos a la organización que en el peor de los casos al inicio de cada proyecto nadie los ha contemplado correctamente.

19 Cuando hablamos de una cartera hablamos tanto de un programa cómo de un portafolio y va en función del tamaño de la organización, dirección o departamento responsable.

20 Puesto que recordar es precisamente traer al presente, en su concepción última sati o mindfulness es la capacidad humana básica de poder estar en el presente y de "recordarnos" estar en el presente, es decir, constantemente estar volviendo al aquí y ahora.

21 Nota del autor: La fuente de estas citas forman parte del material de presentación que se realiza durante el curso de certificación PMO-CP (Project Management Office Certified Professional) de la PMO Global Alliance

22 Información general sobre los diversos tipos de PMO que podemos encontrar hoy día relacionada sobre oficinas de gestión de proyectos.

En mi caso particular algunas son basabas en experiencias profesionales en el diseño e implementación, de como por ejemplo una PMO Híbrida y una APMO.

PMO Administrativa	APMO (Ágil PMO)
(proporciona soporte y repositorio de toda la documentación, agendas, reuniones de la cartera de proyectos y no usa ninguna metodología)	(gestión de todos los proyectos/productos de la organización aplicando metodologías ágiles)
PMO de Control	**PMO Estratégica**
(proporcionar soporte + cumplimiento implica verificar que se estén usando las metodología de proyectos)	(gestión de los proyectos estratégicos de la organización y aplica metodología de gestión de proyectos)
PMO Híbrida	**PMO Operativa**
(Gobierno + Metodología la PMO + asume la dirección asegurando aplicar las metodologías de proyectos predictivos y proyectos ágiles)	(gestión de los proyectos operativos de la organización y aplica metodología de gestión de proyectos)
PMO de Soporte	**PMO Directiva**
(gestión de los proyectos tácticos de la organización y aplica metodología de gestión de proyectos)	(Soporte + Control, pero además, se "Hace cargo" de los mismos, asumiendo su dirección aplicando metodología gestión de proyectos)
ePMO (Enterprise PMO)	**PMO Gobierno de Proyectos**
(PMO Híbrida + PMO Gobierno a nivel corporativo la cual puede gestionar varias "PMOs" ya sean "vertical" o "transversal")	(Identifica, selecciona y prioriza los proyectos bajo análisis de casos de negocio estratégicos, tácticos u operativos. aplica metodología de gobierno TI + metodología de gestión de proyectos)

23 Debemos considerar ambos marcos porque convergen desde la base de cubrir ambas expectativas de los interesados, tanto desde el punto de vista tradicional explicado en el PMBOK como metodologías ágiles si tomamos de referencia el Manifesto Ágil.

Considero que en este punto no debe importarnos si son proyectos tradicionales (predictivos o acrónimo en inglés waterfall) o si son productos bajo metodologías ágiles, el objetivo es que seamos capaces de hacer que convivan juntos.

Waterfall - PMBOK	Agile – Manifesto Ágile
Identificar a los Interesados	**Valoramos más a los individuos y su interacción que a los procesos y las herramientas**
Es el proceso que consiste en identificar a todas las personas u organizaciones impactadas por el proyecto, y documentar información relevante relativa a sus intereses, participación e impacto en el éxito del mismo.	Este es el valor más importante del manifesto. (Hay tareas que requieren talento y necesitan personas que lo aporten y trabajen con una actitud adecuada).
Gestionar a los Interesados	**Los 12 principios del manifesto ágil**
Es el proceso de comunicarse y trabajar en conjunto con los interesados para satisfacer sus necesidades y abordar los problemas conforme se presentan.	Principio 1: Nuestra principal prioridad es satisfacer al cliente a través de la entrega temprana y continua de software de valor.

Notas finales y referencias

24 Diferentes tipos propuestos de rol a nivel de gestión que nos podemos encontrar en una PMO, o bien debamos definir dependiendo del tipo de PMO que necesite cada organización.

25 Proponemos diferentes ejemplos de las diferentes tipos de PMO que pueden existir actualmente o las que serán necesarias crear en toda organización para liderar los proyectos de SXXI.

Es importante comprender que no todas las PMO están orientadas a la tecnología ese es uno de los grandes mito por lo que el fenómeno de las PMOs está mal entendido hoy día por la mayoría de las organizaciones, para mejor ejemplo puedes implementar una PMO Ágile en un área de atracción de talento o RRHH para mejorar el proceso de selección tanto interno en la organización como externo a la organización en la tradicional ley de la oferta y la demanda profesional.

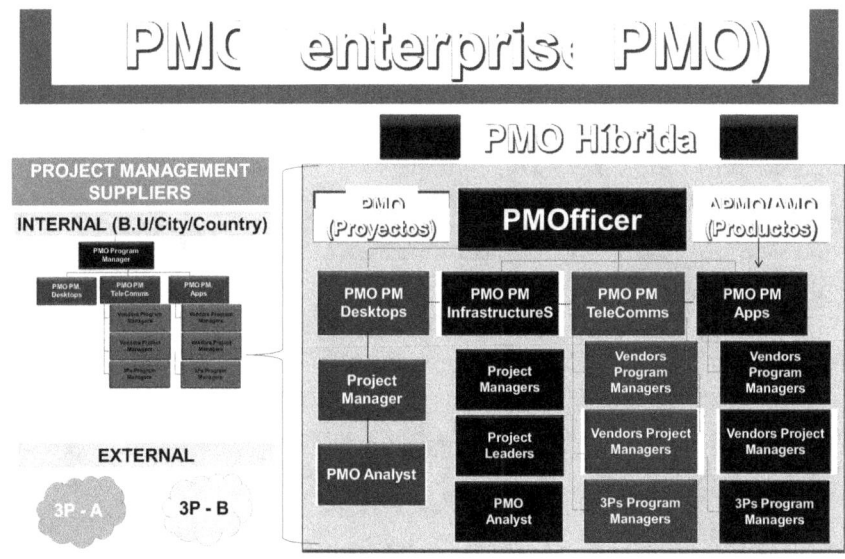

26 Diferentes tipos propuestos de rol a nivel de gestión que nos podemos encontrar en una PMO, o bien debamos definir dependiendo del tipo de PMO que necesite cada organización.

Project Manager PMO	Gerente de Portafolio / Programa
Head PMO	Analista PMO
Líder de Proyecto PMO	Enterprise Agile Coach
Consultor PMO	PMOfficer
Agile Management Officer	Agile Coach PMO

27 Del acrónimo inglés Agile Change Management

28 Del acrónimo inglés Value Management Office (VMO)

29 La forma en que veo una VMO liderada por el Value Management Officer en los próximos años liderando todos los proyectos, todos los servicios y velará por la correcta gestión del cambio pero todo a nivel corporativo

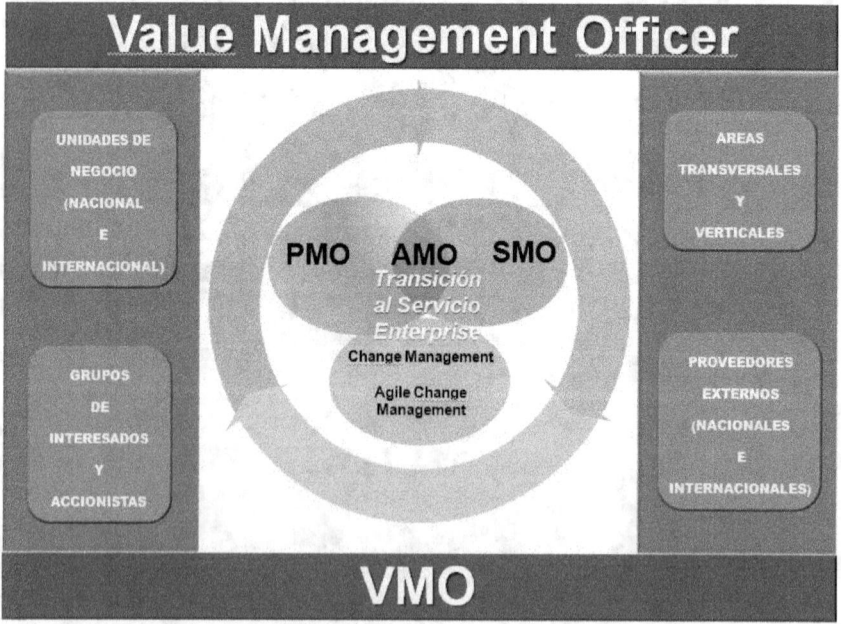

www.ingramcontent.com/pod-product-compliance
Lightning Source LLC
Chambersburg PA
CBHW050100230526
45470CB00004B/1611